材料力学实验

苏飞 时新红 张敏 胡伟平 刘华 编著

北京航空航天大学出版社

内 容 简 介

本书的主要内容分为实验前的预备知识、材料力学基本实验、材料力学扩展实验、材料力学趣味实验及材料力学实验常用设备与仪器 5 章,其中基本实验、扩展实验及趣味实验构成了本书的主要部分。基本实验包括应变片粘贴、材料的拉伸及压缩性能、弹性常数的测定、材料的扭转性能、直梁弯曲、梁变形、弯扭组合和偏心拉伸 8 个实验内容;扩展实验包括光弹性、声发射、声弹性、压杆稳定、薄壁梁、复合材料力学性能测试和金属材料疲劳 7 个实验内容;趣味实验包括 3 根火柴吊水和纸质桌腿承力 2 个实验内容。

本书与《材料力学》教材配套使用,主要面向工科院校、航空、机械、建筑、交通等专业的学生,也可供材料力学性能测试的工程师参考。

图书在版编目(CIP)数据

材料力学实验 / 苏飞等编著. -- 北京 : 北京航空
航天大学出版社,2021.1
ISBN 978-7-5124-3268-0

Ⅰ. ①材… Ⅱ. ①苏… Ⅲ. ①材料力学—实验—高等
学校—教学 Ⅳ. ①TB301-33

中国版本图书馆 CIP 数据核字(2021)第 009962 号

材料力学实验

苏 飞 时新红 张 敏 胡伟平 刘 华 编著
策划编辑 刘 扬 责任编辑 宋淑娟 胡玉娟

*

北京航空航天大学出版社出版发行

北京市海淀区学院路 37 号(邮编 100191) http://www.buaapress.com.cn
发行部电话:(010)82317024 传真:(010)82328026
读者信箱:qdpress@buaacm.com.cn 邮购电话:(010)82316936
涿州市新华印刷有限公司印装 各地书店经销

*

开本:710×1 000 1/16 印张:8.5 字数:181 千字
2021 年 1 月第 1 版 2021 年 1 月第 1 次印刷
ISBN 978-7-5124-3268-0 定价:22.80 元

前　　言

　　"材料力学"是一门建立在实验基础之上的归纳性力学课程,实验是课程教学的一个重要组成部分。材料力学实验不但可使学生通过实验现象来理解相关理论知识的来源和内涵,而且还可通过设备与仪器的操作培养学生的动手能力,训练学生掌握基本的实验技能,并了解相关的国家实验标准,为以后从事科研工作和工程实践奠定良好的基础。

　　建校之初,北京航空航天大学就汇聚了一批具有国际视野的航空专家和力学家,成立了实力雄厚的材料力学教研室(包括实验室)。材料力学课程既吸收了苏联严谨的材料力学课程体系,也汲取了西方教育的成功经验,形成了重视培养理论分析、计算能力和实验动手能力的教学特色,在我校历史上有很好的口碑与影响。该课程先后获评校优质课和精品课、北京市精品课、国家级精品课和国家级精品资源共享课立项,是国家工科基础课程(力学)教学基地的重要组成部分,曾获国家优秀教学成果优秀奖、二等奖和北京市一等奖。

　　目前,在北京航空航天大学的"材料力学"课程教学设置中,材料力学实验并没有独立设课,而是作为整个课程的一部分教学内容而存在。由于课时所限,在实验内容设置上也仅仅围绕"材料力学"本身的一些基础理论,而许多具有航空航天特色的实验只能作为选修内容提供给那些学有余力的学生。为了进一步强化材料力学实验在课程教学和学生培养体系中的地位,材料力学实验独立设课在我校成为一种趋势。在这种情况下,编写一套既体系完整、内容充实,又突出航空航天特色的教材就成为迫在眉睫的任务。为此,材料力学教研室对实验教材的内容重新进行了规划,决定整合现有必修和选修的实验内容,同时参考相关教师在航空航天领域的科研成果,并对其加以提炼和简化,使之更加贴合材料力学课程内容而纳入实验体系中来。

　　本教材中的传统材料力学实验部分来源于我校材料力学教研室自编的实验讲义,它是实验室几代教师多年工作经验的积累和总结。在新教材的编写过程中,材料力学教研室的同事们群策群力,特别是具有多年教学经验的老教师们给予了很好的建议,作者在此一并表示谢意。同时,我们也参考了二十多所兄弟院校编写的同类教材,吸取它们的优点,力争写出一本具有特色的实验教材。

本教材除了包括传统的材料力学实验外,还尝试把一些最新的测试技术吸收进来,例如:利用声发射技术测试屈服应力、声弹性技术测试螺栓预紧力等,以使学生能够尽早地接触和掌握这些新的测试技术。为了便于学生学习,本教材还将完整的实验步骤和数据处理方法较详细地呈现出来,学生只要根据实验步骤测出数据,并进行误差分析即可。同时,我们增加了一些与材料力学内容相关的趣味力学实验,以激发学生的学习兴趣,培养学生观察、思考和探究的科学精神。

总之,这是北京航空航天大学材料力学实验教学的第一本正式出版教材,尽管作者努力想把它写好,但不足和错误仍不可避免,望广大教师和专家们批评指正。

作　者

2019 年 12 月

目 录

第1章 绪 论

1.1 材料力学实验的性质和任务

材料力学是固体力学的一个分支,是研究材料或结构在外力作用下产生受力、变形和破坏的规律,为工程结构满足强度、刚度和稳定性条件提供基础理论和设计方法。材料力学的很多理论、公式都是根据实验观察的假设推导出来的。因此,为了加深学生对理论知识的认识和理解,材料力学实验成为材料力学课程中不可或缺的重要组成部分。

纵观材料力学的发展史,材料力学本身就是理论和实验二者结合的典范,许多重要的材料力学理论无不建立在实验的基础上。伟大的科学巨匠伽利略在1638年出版了《关于力学和局部运动的两门新科学的对话和数学证明》一书,标志着材料力学的诞生。书中提出的弯曲应力公式正是他通过观察悬臂梁受弯后的破坏实验分析总结出来的。材料力学中的基本定律——胡克定律,也是胡克在研究弹簧的受力和变形规律时,从实验中总结出来的。总之,实验技术的进步推动材料力学理论发展的例子不胜枚举,在此就不一一赘述了。

通过材料力学实验,学生不仅可以加深对理论知识的认识和理解,而且可以掌握实际工程中关于材料与结构力学性能测试的基本试验技术和测试方法,为学生将来进行各种工程构件的设计与测试奠定基础。

1.2 材料力学实验的特点和方法

材料力学实验相较于其他学科实验具有如下鲜明的特点:

1. 实用性

材料力学实验与实际工程密切相关,无论在材料的力学性能测试时,还是在构件的应变应力测试时,所采用的仪器设备和测试方法与实际工程中大同小异,因此学生在材料力学实验课程中所用的技术方法可以直接应用于实际工程之中。如我国某型号飞机飞行载荷测量、导弹弹头结构模拟热应力实验、模拟返回舱结构在起吊和运输过程中的应力测试等都可以用到材料力学实验中所采用的方式方法。

2. 团队性

由于材料力学实验设备复杂、测量精度高、读取数据多,单个同学完成整个实验比较困难,因此,在课程中都采取实验分组的方法来完成实验。小组成员分工合作、协调操作,一来方便实验操作,二来能够锻炼同学之间的实验协作能力。

3. 标准化

由于试件的形状、尺寸、表面粗糙度、环境及实验方法的不同,都会对材料的屈服强度、拉伸强度、弹性模量等力学性能参量的测试造成不同程度的影响,因此,材料的力学性能测试在美国、欧洲、日本及中国等都有一套相应的标准,使各国的实验结果具有可比性。值得一提的是,我国的国家标准(GB)已与国际标准基本接轨。

第 2 章　实验前的预备知识

2.1　电测法基础

2.1.1　电测法的基本概念及原理简介

电阻应变片简称应变片,它是将具有一定电阻的金属箔或金属丝制作的栅状物粘贴在两层绝缘薄膜中制作而成的。试验时,将应变片粘贴在构件表面需测应变的部位,并使敏感栅的纵向沿着需测应变的方位。当该处沿着测试方位发生正应变 ε 时,敏感栅也产生同样变形,其电阻由其初始值 R 变为 $R+\Delta R$。通过惠斯通电桥测量输出电压的变化,可以得到应变片电阻的变化量,从而计算出应变片粘贴处构件的应变。这就是电测法的基本原理。

2.1.2　应变片及其种类

应变片是测量应变的传感器。应变片的种类、规格繁多。按照敏感栅的材料可以将这些应变片分为两大类,分别是金属应变片(丝式应变片、箔式应变片)和半导体应变片。本实验课使用的是箔式应变片;若按敏感栅结构分类,又可以分为单片式应变片和集成式应变片。单片式应变片又称单轴式应变片,它可以用来测量敏感栅轴线方向的应变。集成式应变片又称多轴式应变片,也就是俗称的应变花。应变花的基底上往往排列放置两个或两个以上不同方向的应变片,用于测定某点处不同方向的应变,以便于弹性常数测量或应力分析。常见的集成式应变片如图 2.1 所示。

2.1.3　箔式电阻应变片及其构造

箔式电阻应变片是目前最常用的应变片,本实验课所采用的即为箔式应变片。其结构如图 2.2 所示,由覆盖层、敏感栅、粘结剂、引出线(或者无)和基底组成。

1. 覆盖层

覆盖层用来保护敏感栅使其免受机械损伤和防止其高温下氧化,常用材料有纸、有机聚合物薄膜等。

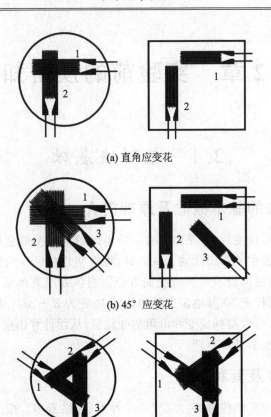

(a) 直角应变花

(b) 45°应变花

(c) 120°应变花

图 2.1　常见的集成式应变片示意图

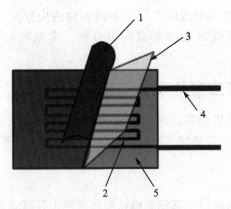

1—覆盖层;2—敏感栅;3—粘结剂;4—引出线;5—基底

图 2.2　箔式电阻应变片的基本构造

2. 敏感栅

敏感栅是由高电阻率的合金丝或者合金箔绕制而成,常用材料包括康铜、镍铬合金等。它将被测构件表面的应变转换为电阻的变化,由于其电阻的变化对本身的变形非常灵敏,故称为敏感栅。

理想的敏感栅材料应满足下列要求:灵敏系数高,且基本是常数;弹性极限高于被测构件材料的弹性极限;电阻率高,分散度小,随时间变化小;电阻温度系数小,对于温度的变化不敏感;加工性能好,易于加工成细丝或箔;有足够的稳定性,延伸率高,耐腐蚀性好,易熔焊和电焊。箔式电阻应变片的栅线由金属薄膜($3\sim10~\mu m$)经光刻工艺而成。

3. 粘结剂

粘结剂将应变片牢固地附在被测物体的表面,将被测物体的应变毫无损失地传递给应变片。材料的性能和工作环境(特别是环境温度)都将影响粘结剂的工作性能。常用的常温粘结剂有快干胶(502)、酚醛-缩醛树脂(1720)和环氧树脂(914)粘结剂。

4. 引出线

引出线为敏感栅引出的带状或丝状金属导线。引出线应具有低且稳定的电阻率以及较小的电阻温度系数。引出线一般用镀锡或镀银的细铜丝。

5. 基　底

基底的作用是将敏感栅永久地或临时地置于其上,同时还要使敏感栅和试样之间保持相互绝缘。

理想的基底材料应满足下列要求:薄而强度高,柔性好;粘接性能和绝缘性能好;无蠕变和滞后现象;透明,便于观察敏感栅状况;抗潮;热稳定性好,能在不同的温度下工作等。常用的材料包括纸、有机物胶膜(缩醛树脂、环氧酚醛树脂、改性酚醛、聚酰亚胺等)和玻璃纤维布等。

2.1.4　应变片的主要技术参数

应变片作为传感器中的敏感元件,用于测量结构或机械部件的应变。应变片的产品型号命名有一定的规则,具体可以参考各生产厂家的技术手册。其技术参数主要包括以下几项:

1. 标称电阻(R)

标称电阻指应变片在不受力时常温下测量的电阻值。常见的标称阻值有 60 Ω、

120 Ω、350 Ω 及 1 000 Ω,其中 120 Ω 在电测实验中最为常用。相同工作电流的情况下,应变片的阻值越大,工作电压越高,测量灵敏度越高。

2. 灵敏系数(K)

当应变片粘贴在单向应力状态的试件表面,且其轴向与应力方向平行时,应变片的阻值变化率与轴向正应变之比满足如下关系:

$$K = \frac{\Delta R}{R}\Big/\varepsilon \tag{2.1.1}$$

式中:K 为灵敏系数,通常采用纯弯梁或等强度梁进行标定。常见的箔式应变片灵敏系数为 1.8~2.2,材料不同,灵敏系数略有不同。本实验课中所用的应变片的 K 约为 2.08。

3. 应变片尺寸

应变片尺寸是一个非常重要的参数,因为应变片测量的是敏感栅覆盖区域的平均正应变,对于存在应变梯度或者测量复合材料表面应变的情况,需要考虑应变片的尺寸大小。应变片尺寸包括敏感栅的尺寸和基底尺寸,通常在应变片参数中给出敏感栅的尺寸,表达方式为:长 L(mm)× 宽 W(mm),或者诸如 3AA、2BB、3CA、2HA 等,数字表示敏感栅的特征尺寸,字母表示敏感栅的几何形式。本实验课中使用的单向应变片尺寸规格为 3 mm×2 mm 和 2 mm×1 mm,三向应变花为 3(2 mm×1 mm)。

4. 横向效应系数(H)

横向效应系数是指一个单向应变,分别作用于同一应变片的横向灵敏系数(K_B)和纵向灵敏系数(K_L)之比,亦即横、纵向引起的电阻变化率之比:

$$H = \frac{K_B}{K_L} \cdot 100\% = \frac{\Delta R_B}{\Delta R_L} \cdot 100\% \tag{2.1.2}$$

应变片的敏感栅中除了有纵向丝栅以外,还有圆弧形或直线形的横栅。横栅既对应变片轴线方向的应变敏感,又对垂直于轴线方向的横栅应变敏感。当敏感栅的纵栅因试件轴向伸长而引起电阻值增加时,其横栅则因试件横向缩短而引起电阻值减小。这种应变片输出包含横向应变影响的现象称为应变片的横向效应。应变片横向效应的大小用横向效应系数 H 衡量。一般而言,H 值越小,横向效应影响越小,测量精度越高。

5. 机械滞后(Z_j)

机械滞后指的是当温度恒定时,试件加载和卸载过程中同一机械应变水平下指示应变的差值。它与敏感栅和基底粘结剂材料有关。测量前应预先加、卸载几次以使其稳定。

6. 零点漂移和蠕变(θ)

在温度恒定的条件下,即使被测构件未承受应力,应变片的指示应变也会随时间的增加而逐渐变化,这一变化称为零点漂移,或简称零漂。如果温度恒定,且应变片承受恒定的机械应变,这时指示应变随时间的变化则称为蠕变。

零漂和蠕变所反映的是应变片的性能随时间的变化规律,一般只有当应变片用于较长时间测量时才会发生。实际上,此时零漂和蠕变是同时存在的,即在蠕变值中包含着同一时间内的零漂值。

零漂产生的主要原因包括敏感栅在通上工作电流之后产生温度效应、应变片在制造和粘贴过程中造成内应力以及粘结剂固化不充分等。蠕变产生的主要原因是胶层在传递应变时出现滑动。

7. 应变极限(ε_{lim})

应变片的应变极限是指在温度恒定的条件下,应变片在不超过规定的非线性误差时,所能够工作的最大真实应变值。工作温度升高,会使应变极限明显下降。

8. 疲劳寿命(N)

应变片的疲劳寿命是指在恒定幅值的交变应力作用下,应变片连续工作,直至产生疲劳损坏时的循环次数。当应变片出现以下三种情形之一时,即可认为是疲劳损坏:① 敏感栅或引线发生断路;② 应变片输出幅值变化 10%;③ 应变片输出波形上出现穗状尖峰。

标准规定:对于交变应力幅值为 ±1 000 微应变,等应力梁,以马达带动偏心轮为疲劳试验件的情况,定义应变片断路或指示值变化 10% 为疲劳破坏标准。

9. 绝缘电阻(R_i)

应变片的绝缘电阻是指敏感栅及引线与被测试件之间的电阻值。绝缘电阻过低,会造成应变片与试件之间漏电面产生测量误差。提高绝缘电阻的方法是选用电绝缘性能好的粘结剂和基底材料,并使其经过充分的固化处理。

10. 热输出(ε_T)

当应变片粘贴在可以自由膨胀的试件上且试件不受外力作用时,应变片随环境温度变化产生的应变输出称为应变片的热输出,通常也称为温度应变。

产生应变片热输出的主要原因是:① 敏感栅材料的电阻随温度变化;② 敏感栅材料与试件材料之间线膨胀系数的差异;③ 敏感栅与引出线焊点的热电偶效应。

11. 最大工作电流($I_{\max}$)

应变片的最大工作电流是指允许通过其敏感栅而不影响工作特性的最大电流。增加工作电流,虽然能够增大应变片的输出信号而提高测量灵敏度,但由此产生太大的温升不仅会使应变片的灵敏系数发生变化、零漂明显增加,有时还会将应变片烧坏。应变片的最大工作电流一般为:静荷测量 25 mA,动荷测量 75～100 mA。

以上是应变片的 11 项技术指标,除应变片电阻外,其他各项都是对已粘贴的应变片而言,因此技术指标的好坏很大程度上取决于应变片的粘贴质量。

2.1.5　静态应变仪的工作原理及接入方法

根据测量应变的频率可以将电阻应变仪分为:静态电阻应变仪、静动态电阻应变仪、动态电阻应变仪和超动态电阻应变仪。在材料力学实验中用到的应变仪是静态电阻应变仪。静态电阻应变仪又分为普通数字电阻应变仪和程控数字电阻应变仪。其中,程控数字电阻应变仪由于操作使用方便、切换通道误差小以及与计算机联机等优点,已经得到了广泛应用。

1. 应变仪的工作原理

静态电阻应变仪的基本工作原理是通过电桥把应变片感应到的应变转化为电压(电流),并将转化而来的电信号放大,再把放大了的信号通过标度变换用应变表示出来。其原理方框图如图 2.3 所示。

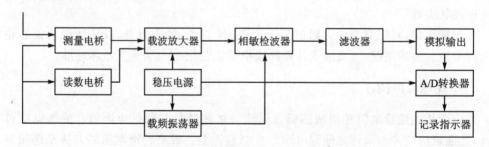

图 2.3　静态电阻应变仪工作原理图

下面着重介绍静态电阻应变仪的核心部分:惠斯通电桥,见图 2.4。图中 4 个桥臂 AB、BC、CD 和 DA 的电阻分别是 R_1、R_2、R_3 和 R_4,供源电压 E 接在 AC 端,BD 端引出输出电压 U_{BD}。

由分压定理知:

$$U_{BC} = E\,\frac{R_2}{R_1 + R_2} \qquad (2.1.3)$$

$$U_{DC} = E\,\frac{R_3}{R_3 + R_4} \qquad (2.1.4)$$

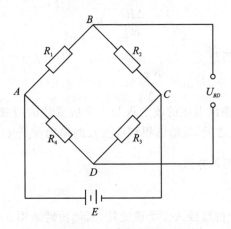

图 2.4　惠斯通电桥

故有

$$U_{BD} = U_{BC} - U_{DC} = -E \frac{R_1 R_3 - R_2 R_4}{(R_1 + R_2)(R_3 + R_4)} \tag{2.1.5}$$

当每个应变片都随试件发生微小的形变时,将会引起四个桥臂电阻阻值改变,分别为 ΔR_1、ΔR_2、ΔR_3 和 ΔR_4,则有

$$U_{BD} + \Delta U_{BD} = -E \frac{(R_1 + \Delta R_1)(R_3 + \Delta R_3) - (R_2 + \Delta R_2)(R_4 + \Delta R_4)}{(R_1 + \Delta R_1 + R_2 + \Delta R_2)(R_3 + \Delta R_3 + R_4 + \Delta R_4)} \tag{2.1.6}$$

忽略高阶小量后可得

$$U_{BD} + \Delta U_{BD} = -E \frac{(R_1 R_3 + \Delta R_1 R_3 + \Delta R_3 R_1) - (R_2 R_4 + \Delta R_2 R_4 + \Delta R_4 R_2)}{(R_1 + \Delta R_1 + R_2 + \Delta R_2)(R_3 + \Delta R_3 + R_4 + \Delta R_4)} \tag{2.1.7}$$

将式(2.1.7)与式(2.1.5)相减可得

$$\Delta U_{BD} = E \frac{(\Delta R_1 R_3 + \Delta R_3 R_1) - (\Delta R_2 R_4 + \Delta R_4 R_2)}{(R_1 + \Delta R_1 + R_2 + \Delta R_2)(R_3 + \Delta R_3 + R_4 + \Delta R_4)} \tag{2.1.8}$$

由于一般采用相同型号的电阻,即初始桥臂电阻 $R_1 = R_2 = R_3 = R_4 = R$,故式(2.1.8)可化为

$$\begin{aligned} \Delta U_{BD} &= E \frac{(\Delta R_1 - \Delta R_2 + \Delta R_3 - \Delta R_4) R}{4R^2 + 2R(\Delta R_1 + \Delta R_2 + \Delta R_3 + \Delta R_4)} \\ &= E \frac{\Delta R_1 - \Delta R_2 + \Delta R_3 - \Delta R_4}{4R + 2(\Delta R_1 + \Delta R_2 + \Delta R_3 + \Delta R_4)} \\ &\approx E \frac{\Delta R_1 - \Delta R_2 + \Delta R_3 - \Delta R_4}{4R} \end{aligned} \tag{2.1.9}$$

实验结果表明,在一定的应变范围内,电阻应变片的电阻改变率 $\Delta R / R$ 与应变 $\varepsilon = \Delta l / l$ 成正比,即

$$\frac{\Delta R}{R} = K\varepsilon \tag{2.1.10}$$

将其代入式(2.1.9)中可得

$$\Delta U_{BD} = \frac{KE}{4}(\varepsilon_1 - \varepsilon_2 + \varepsilon_3 - \varepsilon_4) \tag{2.1.11}$$

式(2.1.11)表明,输出电压的改变量与 4 个应变片的应变呈线性关系。在精确确定电压变化量 ΔU_{BD} 之后,就能够得到应变仪的输出($\varepsilon_1 - \varepsilon_2 + \varepsilon_3 - \varepsilon_4$)。

2. 应变仪常见的接入方法

(1) 1/4 桥

惠斯通电桥的 1 个桥臂接入 1 个应变片,其他桥臂采用 3 个标准电阻,通常应变片接入 AB 桥臂,这种接入法称为 1/4 桥,见图 2.5。需要使用带有自补偿功能的应变片或者采取温度补偿措施,来解决工作应变片受环境因素影响产生的虚假应变,即采用温补半桥或者使用公共温补片予以处理。

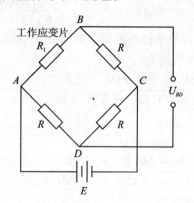

图 2.5　1/4 桥

(2) 半　桥

若惠斯通电桥的 2 个桥臂各自接入 1 个应变片 R_1、R_2,而其他 2 个桥臂接入的是标准电阻,则这种接入法称为半桥,见图 2.6。应变仪通常采用 AB、BC 2 个桥臂接入应变片,此时的输出电压变化量为

$$\Delta U_{BD} = \frac{KE}{4}(\varepsilon_1 - \varepsilon_2) \tag{2.1.12}$$

它反映的是 2 个应变之差。

半桥接法常用来测量弯曲试件的应变,测量时 2 个应变片分别贴在试件的上下 2 个表面,由弯曲引起的上下表面应变(ε_s)的大小相等,方向相反,因此有

$$\Delta U_{BD} = \frac{KE\varepsilon_s}{2} \tag{2.1.13}$$

与 1/4 桥接入法相比,它的灵敏度提高了一倍。

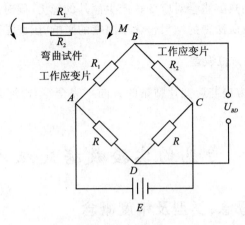

图 2.6 半 桥

（3）全 桥

顾名思义,全桥就是惠斯通电桥的每个桥臂上接入的都是应变片,不再有标准电阻。全桥电路如图 2.7 所示。

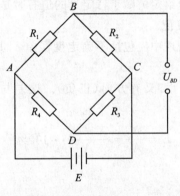

图 2.7 全 桥

2.1.6 应变测试误差的影响因素

1. 横向效应因素

应变片的横向变形也会改变其电阻,尽管标定时应变片处于单向应力状态,标定系数中已经包含了横向因素的影响,但是当试件(应变片)处于双向应力场中时,应变片的横向效应对应变测试结果就会造成一定的影响。

2. 温 度

由于应变片紧紧地粘贴在试件表面,而通常情况下试件与应变片的线膨胀系数并不相同,因此试件的热膨胀会对应变片产生额外的应力,同时应变片的电阻也会随温度的变化而变化,故所测得的结果包含了温度的影响,因此需要进行温度补偿。

3. 应变片的粘贴方位误差

如果测点要求的方向与应变片粘贴的方向不完全符合,那么这样会给最终的测量结果带来误差。

2.2　常见的实验数据处理方法

2.2.1　误差的概念、类型及精度概念

1. 误差的相关术语

① 量值:一般由一个数乘以测量单位所表示的特定值的大小。

② 量的真值:被测量实际具有的量值,通常是不确定的。

③ 量的约定真值:对于给定的赋予特定量的值有时是约定采用的。常用某量的多次测量结果来确定约定真值。

④ 测量结果:其完整表述中应包括不确定度误差 δ,其定义为测量结果 X 与真值 A 之差。

按照定义,误差既有大小,又有方向(正负)。误差与真值之比称为相对误差,记为

$$E = \frac{\delta}{A} = \frac{X - A}{A} \cdot 100\% \qquad (2.2.1)$$

2. 误差的分类

误差按其特征和表现形式可以分为 3 类:系统误差、随机误差和粗大误差。

(1) 系统误差

在同一被测量条件下的多次测量过程中,保持恒定或以可预知方式变化的那一部分误差分量称为系统误差。

系统误差的特点是它具有确定性的规律,这种规律可以表现为定值的,如由天平的标准砝码不准造成的误差;可以表现为累积的,如用受热膨胀的游标卡尺进行测量,其指示值将小于真实长度,误差随待测长度成比例增加;也可以表现为周期性的,如由测角仪器中刻度盘与指针转动中心不重合造成的偏心差;还可以表现为其他复杂的规律。系统误差的确定性反映在:测量条件一经确定,误差也随之确定;重复测量时,误差的绝对值和符号均保持不变。因此,在相同实验条件下,多次重复测量不可能发现系统误差。

对操作者来说,系统误差的规律及其产生的原因可能知道,也可能不知道。已被确切掌握了其大小和符号的系统误差,称为可定系统误差;对大小和符号不能确切掌握的系统误差称为未定系统误差。前者一般可以在测量过程中采取措施予以消除或在测量结果中进行修正;而后者一般难以作出修正,只能估计出它的取值范围。

对于恒定系统误差,通常采用标准量代替法、交换法和反相补偿法来减小和消除系统误差。

(2) 随机误差

在同一测量条件下,多次测量同一量时,以不可预知的方式变化的那一部分误差称为随机误差。

随机误差的特点是单个具有随机性,而总体服从统计规律。

在测量应变时,不仅每一次数据难以相同,而且如果换一个人重新测量,又会获得另一套数据。即使是同一个人去测量,也很难获得与他之前测量相同的数据。这说明应变的测量误差没有确定性的规律,即在相同的条件下,每一次测量结果的误差无法预知,是不确定的。但这些测量的数据围绕着某个数值上下波动,体现出某种规律性。这一现象被称为随机现象。随机现象在个体上表现为不确定性,而总体上又服从所谓的统计规律。随机误差的这一特点使我们能够在确定的条件下,通过多次重复测量来发现它,而且可以从相应的统计分布规律来讨论它对测量结果的影响。

随机误差的统计规律性主要表现在以下 3 个方面:

● 对称性——大小相等而符号相反的误差出现的概率相同;
● 单峰性——绝对值小的误差比绝对值大的误差出现的概率大;
● 有界性——在一定测量条件下,误差的绝对值不会超过一定限度(小概率原理)。

测量误差示意图如图 2.8 所示,该图表示了真值、随机误差和系统误差的关系。图中的曲线为概率密度分布曲线。图中箭头方向向右表示正值,反之为负值。式中 μ 表示无限多次测量结果的平均值,也称为总体均值。t 表示真值,y_i 表示第 i 次测量结果。从图中可以看出,误差等于随机误差和系统误差的代数和,测量结果是真值、系统误差和随机误差的代数和。

(3) 粗大误差

粗大误差又称为实验的异常值。由于客观因素(地震、雷击)使测量系统偶然偏移所规定的测量条件亦或是主观因素(实验人员失误操作、粗心、责任心不强)造成读取、记录、计算数据失误等的误差称为粗大误差。对于这种数据应予以剔除。判断一个观测值是否为异常值时,通常应根据技术上或物理上的理由直接做出决定;当原因不明时,应采用统计方法进行判断。判断原理是相同测量条件下一系列观测值应服从某种概率分布,在给定某个置信水平时确定的相应置信区间内,凡是超出这个区间的观测值应考虑是否属于异常值予以剔除。常用的剔除准则有:拉依达准则、格拉布斯准则和 t 检验准则。

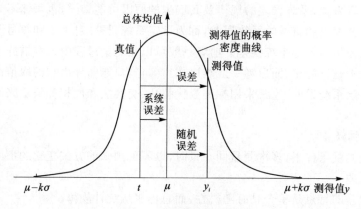

图 2.8　测量误差示意图

虽然将误差分为 3 类,但它们之间又有着内在的联系,尤其是系统误差和随机误差,它们的产生根源都来自于测量方法设备装置、人员素质及环境的不完善。在一定的实验条件下,它们具有自己的内涵和界限,但当条件改变时,彼此又可能互相转化。例如系统误差与随机误差的区别有时与空间和时间的因素有关。环境温度在短时间内可保持恒定或缓慢变化,但在长时间中却是在某个平均值附近作无规律变化,这种由于温度变化造成的误差在短时间内可以看成是系统误差,而在长时间内则宜作随机误差处理。随着技术的发展和设备的改进,有些造成随机误差的因素能够得到控制,某些随机误差就可确定为系统误差并得到改善或修正;而有些规律复杂的未定系统误差,也可以通过改变测量状态使之随机化,这种系统误差又可当作随机误差处理。事实上,对那些微小的未定系统误差,很难做到在测量时保证其确定的状态。因此,它们就会像随机误差那样呈现出某种随机性。例如测弹性模量用的钢丝,由于制造和使用方面的原因,其截面不可能是严格的圆,因此对确定的钢丝位置,"直径"的测量值主要表现出系统误差;但对不同的截面和方位,这种系统误差却又表现出某种随机性。事物的这种内在统一性,使我们有可能在减消或修正了各种可定系统误差以后,用统一的方法对其余部分做出估计和评定。

总之,系统误差和随机误差并不存在绝对的界限。随着对误差性质认识的深化和测试技术的发展,有可能把过去作为随机误差的某些误差分离出来作为系统误差,或把某些系统误差作为随机误差来处理。当测量条件偏离允许范围时,系统误差、随机误差也可能转化为粗大误差。

3. 精密度、正确度和准确度

习惯上人们经常用"精度"一类的词来形容测量结果的误差大小。为此,我们对有关名词从误差角度作必要的说明。

精密度——表示测量结果中随机误差大小的程度。它是指在规定条件下对被测量进行多次测量时,所得结果之间符合的程度。

　　正确度——表示测量结果中系统误差大小的程度。它反映了在规定条件下,测量结果中所有系统误差的综合。

　　准确度——表示测量结果与被测量的(约定)真值之间的一致程度。准确度又称精确度,它反映了测量结果中系统误差与随机误差的综合。

　　作为一种形象的说明,可以把它们比做打靶弹着点的分布,参照图 2.9 来帮助理解。

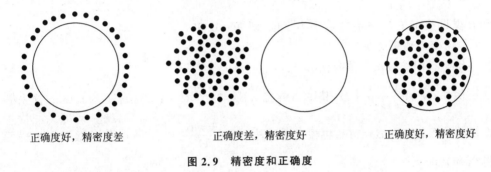

　　正确度好,精密度差　　　　　　　　正确度差,精密度好　　　　　　　正确度好,精密度好

图 2.9　精密度和正确度

2.2.2　有效数字及其运算规则

1. 有效数字定义

　　一个具体的测量过程总是或多或少存在着误差,因此表达一个物理量的测量结果时,不应该随意取位,而应当正确反映测量所能提供的有效信息。以直尺为例,若从直尺上读出的测量结果 17.24 cm,其中 17.2 是直接读出的,称为可靠数字,最末一位的 0.04 则是从尺上最小刻度之间估计出来的,称为可疑数字。可疑数字和可靠数字就构成了测量的有效数字。17.24 cm 有 4 位有效数字,有效数字的位数是由测量工具和被测量物体的大小决定的。

　　测量结果第一位(最高位)非零数字前的 0 不属于有效数字,而非零数字后的 0 都是有效数字。因为前者只反映了测量单位的换算关系与有效数字无关。例如:0.000 012 5 mm 是 3 位有效数字,它等同于 12.5 nm。非零数字后的 0 则反映测量物体的大小和准确度,如 1.250 00 mm 是 6 位有效数字,1.25 mm 是 3 位有效数字,前者的准确度要比后者高许多。

2. 有效数字运算法则

　　对于间接测量,需要通过一系列函数运算才能得到最终测量结果,因此,需要建立简单的规则来表示最终结果,并且大体反映结果的准确度。

　　(1) 加减法

　　最终结果的有效数字取决于所有数字中有效数字最后一位的位数最高的那

个数。

例如,$N=A-B+C-D$,其中 $A=123,B=12.3,C=1\,572.3,D=1.005$,观察可得,$A$ 决定了 N 的有效数字最后一位为个位,即 $N=1\,682$。

（2）乘除法

最终结果的有效数字取决于所有数字中有效数字最少的那个数。

例如,$N=\dfrac{AB}{CD}$,其中 $A=123,B=12.3,C=1\,572.3,D=1.005$,观察可得,$A$ 和 B 共同决定了 N 的有效数字为 3 位,即 $N=0.957$。

（3）混合四则运算

综合运用加减法与乘除法。

例如,$N=\dfrac{A-B}{C}+D$,其中 $A=123,B=12.3,C=1\,572.3,D=1.005$,首先根据加减法可得 $A-B=111$,再根据乘除法可得 $\dfrac{A-B}{C}=0.070\,6$,最后根据加减法可得 $N=1.076$。

（4）其他函数运算

先在数字最后一位有效数字上取 1 个单位作为量值的不确定度,再用函数的微分公式求出间接量不确定度所在的位置,最后由它确定有效数字的位数。

例如,$\sqrt[20]{3.25}$（其中 20 是准确数字）取 $\mathrm{d}x=0.01,y=\sqrt[20]{x}=1.060\,73$,对其微分可得 $\mathrm{d}y=\dfrac{1}{20}x^{-\frac{19}{20}}\mathrm{d}x=0.000\,2$ 故可疑数字发生在小数点后面第 4 位,即 $y=1.060\,7$。

2.2.3　实验数值修约规则

（参照 JJF1059—1999《测量不确定度评定与表示》）

1. 进舍规则

若舍弃数字最高位数字小于 5,则舍去,保留其余各位数字不变;

若舍弃数字最高位数字大于 5,则进一,保留数字最低位数字加一;

若舍弃数字最高位数字是 5,且 5 后有非零数字,则进一,保留数字最低位数字加一;

若舍弃数字最高位数字是 5,且 5 后无数字或者数字全为 0,若保留数字最低位数字为奇数（1,3,5,7,9）,则进一;若保留数字最低位数字为偶数（0,2,4,6,8）,则保留其余各位数字不变。

2. 不连续修约

被修约的数字必须在确定修约位数后一次得到结果,不可按照修约规则连续修约。

例 1:将 1.451 修约到个位。

正确的做法:1.451→1

错误的做法:1.451→1.5→2

例 2:将下列数字修约到个位,见表 2.1。

表 2.1 数字修约到个位

修约前	10.312 54	10.612 54	10.512 54	10.500 00	11.5
修约后	10	11	11	10	12

2.2.4 数据统计概念及方法

1. 数据统计的相关术语

(1) 自由度

自由度(degree of freedom, df)指的是计算某一统计量时,取值不受限制的变量个数。通常 $df = n - k$,其中 n 为样本数量,k 为被限制的条件数或变量个数,或计算某一统计量时用到其他独立统计量的个数。

(2) 算术平均值

在相同的测量条件下,对被测量 X 进行 n 次独立重复测量,则样本的平均值为

$$\overline{X} = \frac{1}{n} \sum_{k=1}^{n} X_k \tag{2.2.2}$$

在大多数情况下,随机变量 X 的数学期望 μ 的最佳估计就是算术平均值,且满足一致性、充分性、有效性和无偏性。

(3) 标准偏差

由于被测量 X 重复观测时的随机变化,每次的测量结果 X_i 通常是不同的,因此方差为

$$\sigma^2(X) = \overline{X} = \frac{1}{n} \sum_{k=1}^{n} \left[X_k - E(X) \right]^2 = \frac{1}{n} \sum_{k=1}^{n} (X_k - \mu)^2 \tag{2.2.3}$$

其标准差为

$$\sigma(X) = \sqrt{\frac{1}{n} \sum_{k=1}^{n} (X_k - \mu)^2} \tag{2.2.4}$$

但是,由于大多数情况下数学期望是未知的,因此可以用 Bessel 公式求其方差,可以表示为

$$S^2(X_k) = \frac{1}{n-1} \sum_{k=1}^{n} (X_k - \overline{X})^2 \tag{2.2.5}$$

$S(X_k)$ 是实验方差的正平方根,称为实验标准偏差,可写成 S。算术平均值的方差及

平均值的实验标准偏差分别表示为

$$S^2(\overline{X}) = \frac{S^2(X_k)}{n} \tag{2.2.6}$$

$$S(\overline{X}) = \sqrt{\frac{1}{n(n-1)} \left[\sum_{k=1}^{n} (X_k - \overline{X})^2 \right]} \tag{2.2.7}$$

2. 不确定度的概念及合成

（参照 JJF1059—1999《测量不确定度评定与表示》）

（1）不确定度的概念

不确定度用于表征合理地赋予被测量值的分散性，是与测量结果相联系的参数。

一个有效的实验结果应该给出被测量值的量值和不确定度，只有兼备两者，该实验结果才能算作是完整的测量结果，具备充分的社会实用价值。

量值体现被测值的大小，是被测值的最佳估计值，在大多数情况下，测量结果是在重复观测条件下确定的。

不确定度则反映量值的可信程度，换句话说，不确定度是测量精度或可信程度的反映，不确定度越小，测量精度或可信程度就越高。

（2）不确定度术语

1）A 类不确定度

不确定度的 A 类评定是指通过对观测列进行统计分析的方法，来评定标准不确定度。通常用标准偏差来表示，即

$$u_A(\overline{X}) = \sqrt{\frac{1}{n(n-1)} \left[\sum_{k=1}^{n} (X_k - \overline{X})^2 \right]} = \sqrt{\frac{\overline{x^2} - (\overline{x})^2}{n-1}} \tag{2.2.8}$$

2）B 类不确定度

不确定度的 B 类评定是指不通过对观测列进行统计分析的方法，来评定标准不确定度。

常用的 B 类不确定度有：根据实际条件估计误差限、根据理论公式或实验测定来推算误差限和根据计量部门、制造厂或其他资料提供的检定结论推算误差限。在许多场合中，B 类不确定度往往是以误差限 Δb 的形式出现，两者的关系为

$$u_B = \frac{\Delta b}{K} \tag{2.2.9}$$

（3）不确定度的合成

1）直接测量值不确定度的合成

由于测量情况的复杂性，被测量值往往存在众多的误差来源，其不确定度应当是若干个不确定度分量的合成。不确定度的综合是以方差合成为基础的。具体做法是，在尽可能地消减或修正了可定系统误差后，把余下的全部误差按 A 类分量 u_{a1}，$u_{a2}, \cdots, u_{ai}, \cdots$ 和 B 类分量 $u_{b1}, u_{b2}, \cdots, u_{bj}, \cdots$ 的形式给出，如果它们相互独立，那么

合成的不确定度可表示为

$$u = \sqrt{\sum_i u_{ai} + \sum_j u_{bj}} \qquad (2.2.10)$$

2）间接测量值不确定度的合成

设间接观测量 F 是 n 个独立输入量（直接观测量）$x_1, x_2, \cdots, x_n$ 的函数，即

$$F = (x_1, x_2, \cdots, x_n) \qquad (2.2.11)$$

则合成不确定度 u 可以表示为

$$u = \sqrt{\sum_i \left(\frac{\partial F}{\partial x_i}\right)^2 u^2(x_i)} \qquad (2.2.12)$$

式中：$u(x_i)$ 是第 i 个分量不确定度，需要直接计算得出；$\dfrac{\partial F}{\partial x_i}$ 是被测量 F 对输入量 x_i 的偏导数，称为不确定度的传播系数。

当 $F = (x_1, x_2, \cdots, x_n)$ 为乘除或方幂时，采用相对不确定度可以大大简化合成不确定度运算。方法是先取对数再作方差合成，即

$$\frac{u}{F} = \sqrt{\sum_i \left[\frac{\partial \ln F}{\partial x_i} u(x_i)\right]} \qquad (2.2.13)$$

3. 数据统计的相关方法

（1）测量结果的科学表示法

对过大或过小的数据，应当用科学计数法来表示，即把它写成小数形式，小数点前一位是非零整数，而后乘以 10 的方幂。例如 0.000 000 165，应写成 1.65×10^{-7}。

测量结果的最终报告形式是 $F + u(F)$（单位）。例如，最终测得的量值为 1 500 N，不确定度为 3 N 时，最终应该表示为 $(1.5 \pm 0.003) \times 10^3$ N。

（2）线性回归拟合方法

1）一元线性回归

设直线的函数形式是 $y = a + bx$。实验测得数据为 $(x_1, y_1), (x_2, y_2), \cdots, (x_n, y_n)$，其中 $x_1, x_2, \cdots, x_n$ 没有测量误差。利用最小二乘原理计算整理后可得

$$b = \frac{\bar{x}\bar{y} - \overline{xy}}{(\bar{x})^2 - \overline{x^2}} \qquad (2.2.14)$$

$$a = \bar{y} - b\bar{x} \qquad (2.2.15)$$

式中：a, b 为回归系数。

$$\bar{x} = \frac{1}{n}\sum x_i, \quad \bar{y} = \frac{1}{n}\sum y_i, \quad \overline{x^2} = \frac{1}{n}\sum x_i^2, \quad \overline{xy} = \frac{1}{n}\sum x_i y_i$$

相关系数 r 为

$$r = \frac{\overline{xy} - \bar{x}\bar{y}}{\sqrt{\left[\overline{x^2} - (\bar{x})^2\right]\left[\overline{y^2} - (\bar{y})^2\right]}} \qquad (2.2.16)$$

可以推导出 r 是一个绝对值小于等于 1 的数。若 x,y 有严格的线性相关,则 $|r|=1$;若 x,y 线性强烈相关,则 $|r|\approx1$;若 x,y 线性无关,则 $|r|=0$。

相关系数反映了 x,y 之间线性相关的程度,但它不能完全代替对线性模型本身的检验。

回归系数的不确定度估计:

$$u_a(a)=\sqrt{\overline{x^2}}\cdot u_a(b) \tag{2.2.17}$$

$$u_a(b)=b\sqrt{\frac{1}{k-2}\left(\frac{1}{r^2}-1\right)} \tag{2.2.18}$$

2) 逐差法

在一些特定情况下,可以用逐差法来处理一元线性拟合问题。它相较于最小二乘法,计算简单,经常在物理实验中使用。

设直线的函数形式是 $y=a+bx$。实验测得数据为 $(x_1,y_1),(x_2,y_2),\cdots,$ (x_n,y_n)。若 $n=2k$ 为偶数,则把实验数据分成两组:

$$x_1,x_2,\cdots,x_k;\quad x_{k+1},x_{k+2},\cdots,x_{2k}$$
$$y_1,y_2,\cdots,y_k;\quad y_{k+1},y_{k+2},\cdots,y_{2k}$$

通常逐差法用于自变量等间隔分布的情况,计算可得

$$\bar{b}=\frac{1}{k}\sum_{i=1}^{k}\frac{y_{k+i}-y_i}{x_{k+i}-x_i} \tag{2.2.19}$$

$$u_a(b)=\sqrt{\frac{\sum(b_i-\bar{b})^2}{k(k-1)}} \tag{2.2.20}$$

若 $n=2k-1$ 为奇数,类似地有

$$\bar{b}=\frac{1}{k-1}\sum_{i=1}^{k-1}\frac{y_{k+i}-y_i}{x_{k+i}-x_i} \tag{2.2.21}$$

$$u_a(b)=\sqrt{\frac{\sum(b_i-\bar{b})^2}{(k-1)(k-2)}} \tag{2.2.22}$$

第 3 章　材料力学基本实验

3.1　应变片粘贴实验

预习要求：

1. 了解箔式电阻应变片的结构组成；
2. 了解应变片的工作原理及优缺点；
3. 复习电工实验课中的焊接方法。

3.1.1　实验目的

① 学习电阻应变片的基本构造和特点；
② 掌握电阻应变片的粘贴方法；
③ 练习电阻应变片引线的焊接工艺。

3.1.2　实验原理

以应变片（又称应变计）和应变仪为代表的电测法在应变测试精度和灵敏度方面仍是目前最好的方法，在工程中有大量的应用。同时基于应变片/应变仪的工作原理还衍生了大量的其他传感器，如力传感器、位移传感器等。因此，作为工科学生，不但要了解应变片/应变仪的工作原理，还要掌握应变片和应变仪的使用方法和技巧，这对于日后工作中解决实际工程问题将大有裨益。

将应变片粘贴在试件表面，应变片的敏感栅随着试件变形并产生相同应变，其电阻值发生改变，由电阻应变仪精确测出其电阻变化，进而根据事先的标定系数确定该阻值变化对应的应变。更具体的原理叙述可参考第 2 章 2.1 节内容。

选用的箔式应变片电阻一般有 120 Ω 和 350 Ω 两种，高电阻的应变片测试效果更好，因为在相同电压作用下其发热量小，从而减少了温度变化带来的影响，提高了信噪比。实验室里可以利用万用表测量应变片电阻的阻值。

常温应变片工作温度为 80 ℃以下，当结构处于较高环境温度时，应采用相应温度范围的高温应变片以及相应的耐高温粘结剂。

一般箔式电阻应变片的参数可以通过直接读其型号得到，如图 3.1 所示。应变片型号由汉语拼音字母和数字组成，一般有 7～9 项，其中前 5 项为必需信息，后面几项为可选信息。其中，第 1 项字母表示应变片类别；第 2 项字母表示应变片的基底材

料种类;第 3 项数字表示应变片标称电阻值;第 4 项数字表示应变片栅长;第 5 项由
2 个字母组成,表示应变片的结构形状;第 6 项数字表示应变片的极限工作温度,常
温应变片没有这项;第 7 项括号内的数字,表示温度自补偿或弹性模量自补偿代号。

　　需要注意的是不同生产厂家的命名规则可能略有不同,具体选购时要查产品
手册。

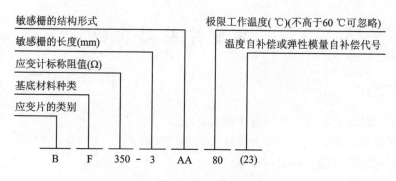

图 3.1　应变片型号规格参数

3.1.3　实验件、实验耗材及实验工具

　　① 应变片、接线端子;

　　② 铝合金试件;

　　③ 502 粘结剂;

　　④ 砂纸、脱脂棉、聚四氟乙烯薄膜(或聚氯乙烯薄膜)、酒精;

　　⑤ 划针、钢板尺、角尺、镊子;

　　⑥ 连接导线、剥线钳、端子、焊锡丝、电烙铁、焊锡膏;

　　⑦ 数字万用表。

实验设备和工具实物如图 3.2 所示。

图 3.2　实验设备和工具实物图

3.1.4　实验步骤

常温应变片粘贴的基本原则为:贴牢、贴准、连线可靠。粘贴的工艺流程主要包括:

① 确定应变片布置方案;

② 贴片位置试件表面处理;

③ 划线定位;

④ 粘贴应变片;

⑤ 焊接连线;

⑥ 检测应变片焊线及连线是否正常;

⑦ 保护。

1. 确定应变片布置方案

根据测试目的确定应变测点的布置方案,包括布片的位置与角度、应变片的选型、应变测点的组桥方案等内容,这是最基本也是最重要的环节。

2. 贴片位置试件表面处理

① 清理出一个合适的粘贴表面,表面应相对平滑、粗糙度合适,在粘贴前需用砂纸、锉刀或铲刀处理掉表面附着物或者凹凸不平的表面。

② 用砂纸沿与贴片方向成±45°方向打磨表面,确保粗糙度合适,如图 3.3 所示。

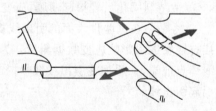

③ 除污、除油和除锈。表面如有污渍、油污(如:漆层、机油等)应用去油剂如甲苯、丙酮、酒精等除去污渍、油污。如有铁锈,应用砂纸打磨到光亮。

图 3.3　打磨示意图

④ 粘贴位置表面清洁。用镊子夹一块脱脂棉球或布沾酒精或者丙酮,单方向擦洗试验件表面的待贴应变片部位,直到棉球保持洁白为止。清洗后试验件贴片位置表面不得用手指触摸。表面准备好后,为了避免表面氧化,应在较短时间内进行应变片粘贴。一般钢材不得超过 45 min,铝或铜不得超过 30 min。

3. 画线定位

在准备粘贴应变片的部位画出定位标记线,一般画"十"字交叉线。画线时不能在表面上产生毛刺,而且画痕不能太深,能辨别清楚即可。也可用 4H 铅笔或无油圆珠笔芯来画线。

4. 粘贴应变片

粘贴前用万用表逐个检测应变片电阻值。不得用手指触摸应变片的粘贴面,用干净的圆头镊子夹住应变片的引线部位,不得碰及绝缘栅和基底。

① 准备粘结剂。新开封的粘结剂用针戳开,在针与快干胶瓶口之间隔一张纸,以防针刺通瓶口时胶液飞溅出来。

② 一手拿应变片引出线,辨别基底的粘贴面,能看到引出线焊点的是上表面,颜色较深的表面是粘贴面。调整应变片的姿态,使其能够方便准确地与十字线对正。

③ 将应变片翻过来,基底朝上,在基底粘贴面涂抹薄薄一层粘结剂,或者在试验件表面粘贴位置涂抹一薄层粘结剂,注意胶不要太多,但也要覆盖住基底区域。

④ 涂好粘结剂后,将应变片对准试件表面标记线,一般是应变片基底边缘四个边中间的短标识线分别与十字线对正。胶不会马上凝固,此时还可以微调,调整好后要保持不动。另一只手拿一块聚四氟乙烯薄膜(塑料膜片)从一侧碾压在应变片上,手指务必用力压住薄膜不放松,保持 1 min 以上,这是保证应变片粘贴质量的一个关键环节,如图 3.4 所示。

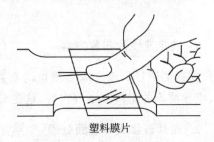

塑料膜片

图 3.4　粘贴示意图

⑤ 粘结剂固化后轻揭起薄膜,应变片基底四周都有胶挤出,这样粘结状态良好。

⑥ 将粘贴在试验件表面的引出线揭起到基底边缘以上,以避免短路或者两根线直接有接触电阻影响应变数据测量。为了避免将引出线扯断,可以一手指甲压住引出线焊点前端,一手捏住引出线缓慢揭起,或者一手捏住引出线后手不离开试验件缓慢揭起引出线。

5. 焊接连线

① 在应变片基底附近约 5 mm 处用快干胶粘贴一对接线端子。注意有焊点的一面是上表面,没有焊点的一面是粘贴面。粘贴方法与应变片不同:在试件表面上涂少量胶液,用镊子夹住接线端子放在试件涂胶位置上即可,也可以先将接线端子摆放到合适位置后用镊子压住,再用 502 胶在应变片和端子之间的端子边缘涂胶,胶会渗入端子与试验件之间,顺便将多余的胶摊开形成绝缘层,或者在端子与应变片之间贴一块绝缘胶布,使引出线与试验件绝缘。用镊子按压端子 1 min,端子即固定不动。

② 在接线端子焊点表面涂焊锡膏。电烙铁加热后烙铁头挂锡,然后将焊点镀上一层焊锡,便于焊接,将引出线分别与一个焊点贴合。注意引出线不要绷得太紧也不要留太多,保证两根引出线之间不会搭接起来造成短路。涂上焊锡膏,用电烙铁将应变片引出线分别焊接到接线端子的两个焊点上,多余的引出线要贴着焊点根部用刻

刀切掉,避免产生短路隐患。

③ 焊接两段连接导线,导线长度由应变测点位置到应变仪的距离决定。原则上线电阻越小越稳定越好。用剥线钳将导线的两端剥出一小段金属线,一端 2～3 mm,一端 5～6 mm,涂上焊锡膏,然后电烙铁加热挂锡将金属头镀上一层焊锡,便于焊接。将 2～3 mm 一端与接线端子的焊点对正,注意胶皮部分高于端子基底贴着焊点根部,然后烙铁压住金属头等焊锡融化后拿开,焊锡凝固即完成焊接。导线另外一端

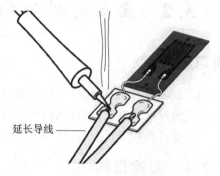

图 3.5　焊接示意图

与一个端子焊接在一起,用于与应变仪接线,如图 3.5 所示。

6. 防　护

常用应变片和粘结剂会吸收空气中的水分。粘结剂吸潮能造成应变片电学性能下降、应变传递效率降低甚至脱粘、指示应变漂移等弊病。考虑到绝缘性、柔韧性等因素,一般可用石蜡或其他胶(703、704、705 胶)来完成对于应变片的防护。

常温工作环境下短期防潮用石蜡防护。先将石蜡置于烧杯中加热熔化并煮沸使其中所含水分挥发干净,然后冷却至 40～50 ℃时,涂在事先用灯加热到 40～50 ℃的试件粘贴应变片部位(包括应变片表面引线、接线端子与导线连接处等)。涂层厚度略超过直径,确保防护层严密无缝隙。长期防潮可用环氧树脂加固剂配成常温下使用的防潮剂等。具体防潮处理方法如下:

① 防潮处理前应将应变片表面焊接时的助焊剂、锡焊料等清除干净,检验应变片电阻值和绝缘电阻(最好要求在 500 MΩ 以上)应符合测量要求;

② 防护材料面积要比应变片基底面积大 2 倍以上,包括导线端部约 30 mm 范围内,导线表面应清洗干净,以确保与防护材料浸润结合;

③ 防护层边缘与试件表面应形成圆滑界面,不能出现缝隙,导线与试件表面形成一定角度,从防护层表面引出;

④ 防护处理后,两次检查应变片电阻值和绝缘电阻值并与覆盖前进行比较,应无变化,否则应检查原因,排除故障,重新防护。

由于接线端子的强度有限,为了避免连接导线被扯动时将接线端子连接部位损坏,一般还要将导线用胶带固定在试验件上。

3.1.5　思考题

1. 应变片粘贴过程中有哪些注意事项?
2. 将应变片的引线和导线焊接到端子的过程有哪些注意事项?

3.2 金属材料的轴向拉伸、压缩力学性能

预习要求：

1. 复习教材中材料在拉伸、压缩时力学性能的内容；
2. 预习电子万能试验机的原理和操作方法；
3. 复习游标卡尺测量试件尺寸的方法。

3.2.1 实验目的

① 观察低碳钢在拉伸时的各种现象并测定低碳钢在拉伸时的屈服极限、强度极限、延伸率 δ 和断面收缩率；

② 观察铸铁在轴向拉伸时的各种现象，并与低碳钢试件实验结果对比；

③ 观察低碳钢和铸铁在轴向压缩过程中的各种现象；

④ 掌握微控电子万能试验机的操作方法。

3.2.2 实验原理

1. 低碳钢的拉伸实验

低碳钢是工程上广泛使用的材料，一般指含碳量在 0.3% 以下的碳素结构钢。

采用电子万能试验机（试验机的具体使用方法参看第 6 章）对低碳钢试件进行加载，利用试验机软件控制系统进行实验操作，通过电脑显示器观察实验的整个过程。实验时，首先将试件安装在试验机的上、下夹头内，然后启动试验机程序加载，试验机软件会自动绘制出载荷-变形曲线（$F - \Delta l$ 曲线）或应力-应变曲线（$\sigma - \varepsilon$ 曲线），如图 3.6 所示。随着载荷的逐渐增大，材料呈现出不同的力学性能。

（1）线性阶段

在拉伸的初始阶段，$\sigma - \varepsilon$ 曲线为一条直线，说明应力 σ 与应变 ε 成正比，即满足胡克定律。线性段的最高点称为材料的比例极限 σ_p，线性段的直线斜率即为材料的弹性模量 E。弹性模量 E 又称为杨氏模量。

若在此阶段卸载，应力应变曲线会沿原曲线返回，载荷卸到零时，变形也完全消失。卸载后变形能完全消失的应力最大值称为材料的弹性极限 σ_e。一般对于钢等许多材料，其弹性极限与比例极限非常接近。

（2）屈服阶段

超过比例极限之后，应力与应变不再成正比，当载荷增加到一定值时，应力几乎不变，只是在某一微小范围内上下波动，而应变却急剧增长，这种现象称为屈服。使材料发生屈服的应力称为屈服应力或屈服极限 σ_s。屈服极限表征材料抵抗永久变

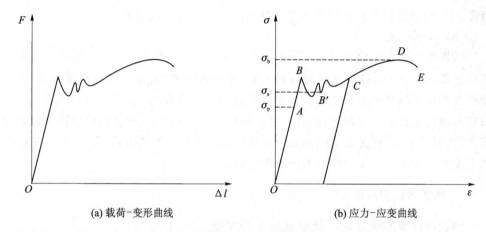

(a) 载荷-变形曲线　　　　　　　　　　(b) 应力-应变曲线

A—比例极限;B—上屈服点;B'—下屈服点;C—观察冷作硬化时的卸载点;D—强度极限;E—断裂点

图 3.6　低碳钢拉伸曲线

形的能力,是材料重要的力学性能指标。

　　实验曲线在屈服阶段有两个特征点,上屈服点 B 和下屈服点 B'(见图 3.6),上屈服点对应于实验曲线上应力波动的起始点,下屈服点对应于实验曲线上应力完成首次波动之后的最低点。上屈服点受加载速率以及试件形状等的影响较大,而下屈服点 B' 则比较稳定,故工程上以 B' 点对应的应力作为材料的屈服极限 σ_s。

　　屈服现象出现的原因是在拉伸过程中,晶格产生畸变。当加载到一定程度后晶粒会沿最大切应力的作用面(45°的截面)发生相对滑移,若用砂纸将试样表面抛光,会发现试件表面呈现出与轴线成 45°的斜纹。滑移后形成了新的晶格,原来的原子间伸长消失,晶粒内部卸载。继续加载,再产生新的滑移和再一次的卸载,就这样反复经历加载、滑移、卸载和再加载的过程。这些斜纹是由于材料沿最大切应力作用面产生滑移所造成的,故称为滑移线。

　　(3) 硬化阶段

　　经过屈服阶段后,应力-应变曲线呈现曲线上升趋势,这说明材料的抗变形能力又增强了,需要增加载荷才能使材料继续变形,这种现象称为应变硬化。

　　若在此阶段卸载,则卸载过程的应力-应变曲线为一条斜线,其斜率与比例阶段的直线段斜率大致相等。当载荷卸到零时,变形并未完全消失,应力减小至零时残留的应变称为塑性应变或残余应变,应力减小至零时消失的应变称为弹性应变。卸载完之后,立即再加载,则加载时的应力应变关系基本上沿卸载时的直线变化,说明亦为线弹性关系。因此,如果将卸载后已有塑性变形的试样重新进行拉伸试验,其比例极限或弹性极限将得到提高,这一现象称为冷作硬化。工程上常用冷作硬化来提高钢筋或者钢缆绳在线弹性范围内的最大载荷,但此工艺降低了材料的塑性性能。这种冷作硬化的性质只有经过退火处理后才能消失。

　　在硬化阶段应力-应变曲线存在一最高点,该最高点对应的应力称为材料的强度

极限 σ_b。强度极限所对应的载荷为试件所能承受的最大载荷 F_b。

（4）缩颈阶段

试样拉伸达到强度极限 σ_b 之前，在标距范围内的变形是均匀的。当应力增大至强度极限 σ_b 之后，试样出现局部显著收缩，这一现象称为缩颈。缩颈出现后，使试件继续变形所需的载荷减小，故应力-应变曲线呈现下降趋势，直至最后在 E 点断裂。试样的断裂位置处于缩颈处，断口形状呈杯状，这说明引起试样破坏的原因不仅有拉应力，还有切应力，这是由于缩颈处附近试件截面形状的改变使横截面上各点的应力状态发生了变化。拉断后断口部位会产生磁性。

2. 铸铁的拉伸实验

铸铁的拉伸实验方法与低碳钢的拉伸实验相同，但是铸铁在拉伸时的力学性能明显不同于低碳钢，其应力-应变曲线如图 3.7 所示。铸铁从开始受力直至断裂，变形始终很小，既不存在屈服阶段，也无颈缩现象。断口垂直于试样轴线，这说明引起试样破坏的原因是最大拉应力。

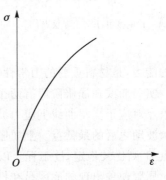

图 3.7　铸铁拉伸曲线

3. 低碳钢和铸铁的压缩实验

实验时，首先将试件放置于压缩试验机（试验机的具体使用方法参看第 6 章）的平台上，然后启动试验机程序进行加载，试验机软件会自动绘制出载荷-变形曲线（$F-\Delta l$ 曲线）或应力-应变曲线（$\sigma-\varepsilon$ 曲线）。低碳钢和铸铁受压缩时的应力-应变曲线分别如图 3.8 和图 3.9 所示。

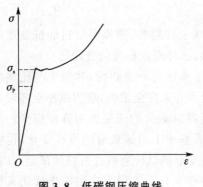

图 3.8　低碳钢压缩曲线

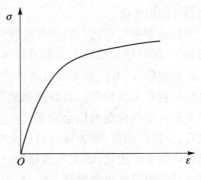

图 3.9　铸铁的压缩曲线

低碳钢试件在压缩过程中，在加载开始段的应力与应变成正比，即满足胡克定律。当载荷达到一定程度时，低碳钢试件发生明显的屈服现象。过了屈服阶段后，试件越压越扁,被压成腰鼓形,如果再继续加载,载荷继续增大,试件则由鼓形再变成象棋形状甚至饼形,不会发生断裂破坏。

铸铁试件在压缩过程中,没有明显的线性阶段,也没有明显的屈服阶段。铸铁的压缩强度极限约为拉伸强度极限的 3～4 倍。铸铁试件断裂时断口方向与试件轴线约成 55°,一般认为是由于切应力与摩擦力共同作用的结果。

3.2.3　试验设备和试件

1. 实验设备

① 5 吨微控电子万能试验机;
② 30 吨微控电子万能试验机;
③ 游标卡尺。

2. 试　件

试验件的尺寸和形状对延伸率的试验结果有影响。试件局部变形较大的断口部分,在不同的标距长度中所占比例也不同。采用标准试件进行实验有助于减小实验误差,便于横向比较各种材料的机械性能。

按照中华人民共和国国家标准《金属材料 拉伸实验 第 1 部分:室温试验方法》GB/T 228.1—2010 中的有关规定来确定拉伸试验件的尺寸,其中圆截面尺寸要求如表 3.1 所列。拉伸试件采用国家标准规定的长比例试件如图 3.10 所示,直径 $d_0 = 10$ mm,$L_0 = 10d_0$。

表 3.1　部分圆形横截面比例试样

d_0/mm	r/mm	$L_0 = 5.65 \sqrt{A_0}$		$L_0 = 11.3 \sqrt{A_0}$	
		L_0/mm	L_c/mm	L_0/mm	L_c/mm
25					
20			$\geqslant L_0 + d_0/2$		$\geqslant L_0 + d_0/2$
15	$\geqslant 0.75d_0$	$5d_0$	仲裁试验:$L_0 + 2d_0$	$10d_0$	仲裁试验:$L_0 + 2d_0$
10					
8					

按照中华人民共和国国家标准《金属材料 室温压缩试验方法》GB/T 7314—2017 中的有关规定来确定压缩试验件的尺寸,其中圆截面尺寸要求为 $d = (10～20) \pm 0.05$,$L = (2.5～3.5)d$ 或 $(1～2)d$ 或 $(5～8)d$。压缩试件采用国家标准规定的圆柱形试件,$d = 10$ mm,$L = 2d$。如图 3.11 所示。

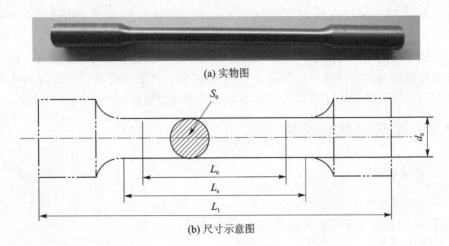

(a) 实物图

(b) 尺寸示意图

图 3.10　拉伸试件

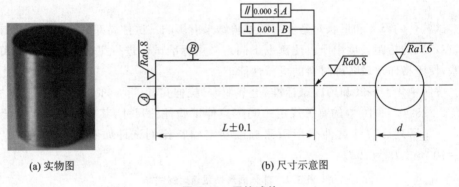

(a) 实物图

(b) 尺寸示意图

图 3.11　压缩试件

3.2.4　实验步骤

1. 试件准备

用划线机在标距 l_0 范围内每隔 10 mm 刻划 1 根圆周线,将标距分成 10 等份。

2. 测量试件尺寸

用游标卡尺测量试件中间位置及靠近两端标距位置的横截面直径,每 1 横截面分别沿 2 个互垂方向各测 1 次,并算出该截面直径的平均值。取所测得 3 个横截面中平均直径最小的 1 组用于计算横截面积 $A_0 = 1/4\pi d^2$。

3. 试验机准备

根据低碳钢强度极限 σ_b 的估计值和横截面面积 A_0 估算试件的最大载荷。以此来选择合适的测力量程。

4. 安装试件

调整试验机横梁的位置,使上下夹头之间的距离便于装夹试样。按照先上后下的原则,即首先将试样上端放入上夹头夹块内,至少需要将试件上夹持端尺寸的 2/3 夹住。然后使横梁下降,夹紧下夹持端,也要求夹住 2/3 的尺寸。最后用同样的夹持力,将上下夹头再预紧一遍。

5. 检查及试车

检查以上步骤的完成情况后,启动试验机,预加少量载荷(应力不应超过材料的比例极限)然后卸载至零点,以检查试验机工作是否正常。

6. 进行试验

① 录入试件尺寸等信息,设定加载速率,单击试验程序开始;
② 注意观察应力-应变曲线,以了解材料在拉伸时不同阶段的力学性能;
③ 继续加载,在屈服阶段观察试件表面的滑移线;
④ 进入强化阶段后。卸载,再加载,观察冷作硬化现象;
⑤ 继续加载,当达到强度极限后,观察缩颈现象;
⑥ 加载直至试件断裂;
⑦ 取下试件,用游标卡尺测量断裂后的标距 l_1,测量断口(颈缩)处的直径 d_1。

3.2.5　实验结果处理

1. 比例极限、屈服极限

比例极限:
$$\sigma_p = \frac{F_p}{A_0}$$

屈服极限:
$$\sigma_s = \frac{F_s}{A_0}$$

2. 强度极限

试件受拉时在破坏前承受的最大载荷与原始横截面之比称为抗拉强度极限 σ_b。试件受压时在破坏前承受的最大载荷与原始横截面之比称为抗压强度极限 σ_{bc}。

抗拉强度极限:
$$\sigma_b = \frac{F_b}{A_0}$$

抗压强度极限:
$$\sigma_{bc} = \frac{F_{bc}}{A_0}$$

3. 计算延伸率 δ 和断面收缩率 ψ

测量试件断裂后的标距长度和最小横截面直径，以计算延伸率 δ 和断面收缩率 ψ。

延伸率：
$$\delta = \frac{l_1 - l_0}{l_0} \cdot 100\%$$

断面收缩率：
$$\psi = \frac{A_0 - A_1}{A_0} \cdot 100\%$$

断裂后，试件的最小横截面即位于缩颈处，将断裂为两段的试件从试验机上取下，将断口对齐并尽量挤压紧，用游标卡尺测量断口处直径。

许多塑性材料在断裂前出现颈缩（如低碳钢）并会发生不均匀伸长（断口处伸长最大），于是，断口出现在不同的位置，量取的 l_1 也会不同。为具有可比性，若断口在试件标准距离的中段，即断口到两端标距线的距离均大于 $1/3l_0$，则直接测量两端标距线之间的距离 l_1（见图 3.12(a)）；当断口到最邻近标距端点的距离小于或等于 $1/3l_0$ 时，需按下述方法进行断口移中测定 l_1。

在长段上从断口 O 处基本等于短段的格数得 B 点，若所余格数为偶数（见图 3.12(b)）则取其一半得 C 点。此时，断后标准距离：$l_1 = AB + 2BC$。

若所余格数为奇数（见图 3.12(c)），则分别取所余格数减一的 $1/2$ 得 C 点和所余格数加一的 $1/2$ 得 C' 点。此时，断后标准距离：$l_1 = AB + BC + BC'$。

若断口在标距以外时，则此次实验结果无效。

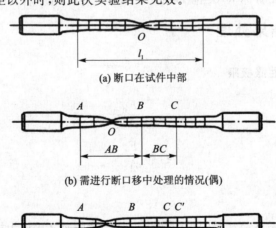

(a) 断口在试件中部

(b) 需进行断口移中处理的情况(偶)

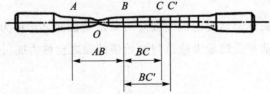

(c) 需进行断口移中处理的情况(奇)

图 3.12　测量断后标准距离

3.2.6　思考题

1. 试件的截面形状和尺寸对测定弹性模量值是否有影响？
2. 在同一温度下，以不同的加载速度进行拉伸实验，所得结果是否相同？

3.3　材料弹性模量和泊松比测定实验

预习要求：

1. 为什么需要在试样中部前后两个表面对应位置粘贴应变片？
2. 为什么本实验需要提供屈服强度或许用应力？ 如果某种材料的许用应力为 200 MPa，试样的横截面积为 100 mm²，那么当测定该材料的 E 和 μ 时，最大允许载荷 F_{max} 是多少？ 如果采用分级加载的方式，那么载荷如何分级？ 初载荷、末载荷设为多少？
3. 本实验为何要设置初载荷？
4. 本实验怎样测量试样尺寸？
5. 实验中如何检测测量数据的好坏？ 如何验证胡克定律？

3.3.1　实验目的

① 测量金属材料的弹性模量 E 和泊松比 μ，验证胡克定律；
② 认识单向拉伸时不同方向应变的关系；
③ 学习电测法的基本原理和电阻应变仪的基本操作。

3.3.2　实验原理

材料在比例极限内服从胡克定律，在单向受力状态下，应力与应变成正比：

$$\sigma = E\varepsilon \tag{3.3.1}$$

式中：E 为材料的弹性模量。

由式(3.3.1)，可以得到

$$E = \frac{\sigma}{\varepsilon} = \frac{F}{A\varepsilon} \tag{3.3.2}$$

材料在比例极限内，横向应变 ε' 与纵向应变 ε 之比的绝对值为一常数：

$$\mu = \left| \frac{\varepsilon'}{\varepsilon} \right| \tag{3.3.3}$$

式中：μ 为材料的横向变形系数或泊松比。

采用电测法测量应变，在试件的前后两个表面，沿着纵向和横向分别粘贴应变片。应变测点的布置方案如图 3.13 所示，在试件正面粘贴 R_1、R_3 两个应变片，反面

粘贴 R_2、R_4 两个应变片。本实验采用 1/4 桥测量应变,具体接桥方式如图 3.14 所示。

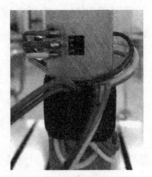

(a) 试件正面   (b) 试件反面

图 3.13　应变测点布置方案

下面介绍材料力学实验中常用的 2 种加载方法。

第 1 种加载方法是增量法,又称逐级加载法。采用增量法拟定加载方案时,通常要考虑以下情况:

① 初载荷可按所用测力计满量程的 10% 或稍大于此值来选定(本次实验试验机采用 50 kN 的量程);

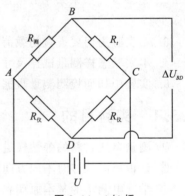

图 3.14　1/4 桥

② 最大载荷的选取应保证试件最大应力值不能大于比例极限,但也不能小于它的一半,一般取屈服载荷 F_s 的 70%～80%,即 $F_{max} = (0.7 \sim 0.8)F_s$;

③ 至少有 4～6 级加载,每级加载后要使应变读数有明显的变化。

利用增量法,可以判断实验过程是否正确。若各次测出的应变不按线性规律变化,则说明实验过程存在问题,应进行检查。

第 2 种加载方法是重复加载法。采用重复加载法时,从初载荷开始,一直加至最大载荷,并重复该过程 3～4 遍。初载荷与最大载荷的选取通常参照以下标准:

① 初载荷可按所用测力计量程的 10% 或稍大于此值来选定;

② 最大载荷的选取应保证试件的最大应力不大于试件材料的比例极限,但也不要小于它的一半,一般取屈服载荷的 70%～80%;

③ 从初载荷直接加载到最大载荷,中间不分级。每次实验重复遍数至少应为 3～4 遍。

重复加载法不能验证力与变形之间的线性关系。

本实验采用增量法加载。增量法可以验证力与变形之间的线性关系,若各级载

荷增量 ΔF 相同,相应的应变增量 $\Delta \varepsilon$ 也应大致相等,这就验证了胡克定律,如图 3.15 所示。

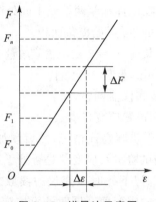

图 3.15　增量法示意图

3.3.3　实验仪器和试件

1. 实验仪器

① 微机控制电子万能试验机;

② DH3818 - 2 型静态电阻应变仪;

③ 数显卡尺(分辨率 0.01 mm)。

2. 试　件

采用 7075 铝合金矩形截面试件,名义尺寸为 $b \times t = (24 \times 8) \mathrm{mm}^2$. 材料的屈服极限 $\sigma_{p0.1} = 380$ MPa。试件示意图和实验装置图分别见图 3.16 和图 3.17。

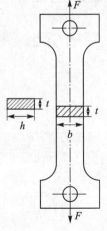

图 3.16　试件示意图

图 3.17　实验装置图

3.3.4　实验步骤

① 测量试件尺寸。分别在试件标距两端及中间处测量厚度和宽度,将三处测得横截面面积的算术平均值作为试样原始横截面积。

② 拟定加载方案。初始载荷 $F_0 = 2$ kN,载荷增量 $\Delta F = 4$ kN,最大载荷 $F_{max} = 18$ kN,加载速度 $V \leq 1$ mm/min,重复 3～4 遍。

③ 试验机准备、试件安装和仪器调整。

④ 确定组桥方式、接线和设置应变仪参数。

⑤ 检查及试车。检查以上步骤完成情况,然后预加载荷至加载方案的最大值,再卸载至初载荷以下,以检查试验机及应变仪是否处于正常状态。

⑥ 进行试验。加初载荷,记下此时应变仪的读数或将读数清零。然后逐级加载,记录每级载荷下各应变片的应变值。同时注意应变变化是否符合线性规律。重复该过程至少 3～4 遍,如果数据稳定,重复性好即可。

⑦ 结束实验。数据经检验合格后,卸载、关闭电源、拆线并整理所用设备。

3.3.5　实验结果处理

1. 作出 $\sigma\text{-}\varepsilon$ 曲线和 $\varepsilon\text{-}\varepsilon'$ 曲线

用坐标纸作出(或用计算机处理并打印)被测材料弹性阶段的 $\sigma\text{-}\varepsilon$ 曲线和 $\varepsilon\text{-}\varepsilon'$ 曲线。要求把每个点标在图上,同时把拟合后的直线表示在图上。在 $\sigma\text{-}\varepsilon$ 坐标系下分析拟合的直线,以验证胡克定律。

2. 按照增量法,计算弹性模量 E 和泊松比 μ

采用增量法即逐级加载法,分别测量在各相同载荷增量 ΔF 作用下,产生的应变增量 $\Delta\varepsilon_i$。于是式(3.3.2)和式(3.3.3)分别写为

$$E = \frac{\sigma}{\varepsilon_F} = \frac{P}{A_0 \cdot \varepsilon_F} \tag{3.3.4}$$

$$\mu = \left| \frac{\varepsilon_3 + \varepsilon_4}{\varepsilon_1 + \varepsilon_2} \right| \tag{3.3.5}$$

式中:$\varepsilon_F = (\varepsilon_1 + \varepsilon_2)/2, A_0 = 1/3 \cdot \sum_{i=1}^{3} A_i$。

根据每级载荷得到的 E_i 和 μ_i,求算术平均值:

$$E = \frac{1}{n} \sum_{i=1}^{n} E_i \tag{3.3.6}$$

$$\mu = \frac{1}{n} \sum_{i=1}^{n} \mu_i \tag{3.3.7}$$

式中:n 为加载级数。

以上即为实验所得材料的弹性模量和泊松比。

3. 计算弹性模量和泊松比

使用最小二乘法,根据拟合成的 $\sigma-\varepsilon,\varepsilon-\varepsilon'$ 直线的斜率,计算出材料的弹性模量和泊松比。

试件在逐级加载的过程中,记录相同载荷间隔时的载荷和应变,利用最小二乘法拟合直线,根据直线的斜率特征,计算弹性模量以及泊松比。

3.3.6　思考题

1. 利用本实验装置,采用电测法测弹性模量 E,试分析哪些因素会对实验结果造成影响。试提出最佳组桥方案,并画出桥路图。

2. 在试样正反两面粘贴应变片的作用是什么? 说明对正反两面数据处理的方法和理由。

3. 本实验加载方案如果不采用增量法,应如何拟定加载方案?

4. 观察试验记录的应变数据,分析在轴向载荷作用外可能存在着哪些其他的载荷作用,以及它们对实验结果是否有影响。

3.4　金属材料扭转时的力学性能

预习要求:

1. 复习电测法,设计本实验的组桥方案;
2. 预习扭角仪和百分表的使用方法;
3. 参照实验 3.3,拟定本实验的加载方案;
4. 设计本实验所需数据记录表格。

3.4.1　实验目的

① 探究不同材料在扭转时不同阶段的力学性能;
② 两种方法测定低碳钢的切变模量 G;
③ 验证圆轴扭转时的胡克定律。

3.4.2　实验原理

1. 金属材料的扭转曲线

扭转实验过程中,扭矩 T 和扭转角 φ 之间的关系曲线,称为扭转曲线或 $T-\varphi$ 曲线;而切应力 τ 和切应变 γ 之间的关系曲线,则称为切应力-切应变曲线或 τ - γ 曲线。

（1）低碳钢扭转曲线

低碳钢扭转的 T - φ 曲线如图 3.18 所示,其与低碳钢拉伸曲线部分相似,扭转过程可分为弹性阶段、屈服阶段和强化阶段。

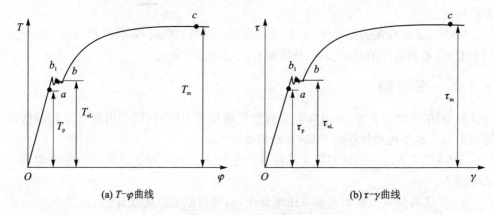

(a) T - φ 曲线　　　　　　　　　　(b) τ - γ 曲线

图 3.18　低碳钢扭转曲线

起始过程中 Oa 呈现为直线,表明此阶段为线弹性阶段,服从胡克定律,切应力和切应变成正比,即:

$$\tau = G\gamma \tag{3.4.1}$$

式中:G 为材料的切变模量或剪切弹性模量,数值大小与材料有关。

在线弹性阶段,横截面上的切应力沿半径呈线性分布。a 点处应力称为比例极限。由于比例极限难以测定,故按照 GB/T 10128—2007 测定规定非比例扭转强度 τ_p。

过 a 点后,材料逐渐进入屈服阶段,此刻试样横截面周边开始屈服,周边的切应力达到扭转屈服极限,但横截面内部其余部分仍为线弹性。随着扭转角进一步增大,塑性区逐渐向圆心扩展,在横截面上出现一个环形塑性区。屈服阶段中,力首次下降前的最大扭矩称为上屈服扭矩 T_{eH},最小的扭矩称为下屈服扭矩 T_{eL}。b 点对应的切应力称为下屈服强度 τ_{eL}。此后材料全部进入强化阶段,变形非常显著,试件圆周面上的纵向线变成螺旋线。但试样横截面仍保持圆形,大小和平行长度的尺寸几乎不变,无颈缩现象。当达到曲线最高点 c 时试件被扭断,c 点对应的最大扭矩称为 T_m,相应的最大切应力称为抗扭强度 τ_m。对试样连续施加扭矩直到试样断裂,从记录的扭转曲线上读出试样断裂前所承受的最大扭矩。

根据国标标准进行屈服强度和名义抗扭强度的计算。

屈服强度计算公式为

$$\tau_{eL} = \frac{T_{eL}}{W_p} \tag{3.4.2}$$

式中：W_p 为抗扭截面系数。

名义抗扭强度计算公式为

$$\tau_m = \frac{T_m}{W_p} \qquad (3.4.3)$$

真实抗扭强度 $\tau_{m,true}$ 按照国家标准规定依照纳达依公式或者图解法进行计算。应力分布如图 3.19 所示。

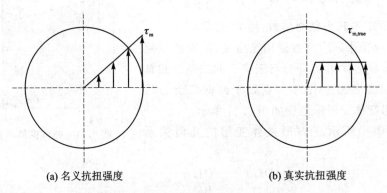

(a) 名义抗扭强度　　　　　　　　　　　　(b) 真实抗扭强度

图 3.19　低碳钢扭转切应力分布规律图

（2）铸铁的扭转曲线

铸铁扭转的 $T - \varphi$ 曲线与其拉伸试验有些相似，弹性阶段的直线段不明显，没有屈服阶段，断裂时的扭转角很小，塑性变形也很小。铸铁扭转的曲线如图 3.20 所示。

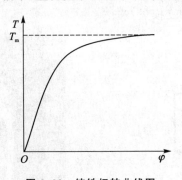

图 3.20　铸铁扭转曲线图

2. 切变模量 G 的测量

（1）电测法测量切变模量 G

线弹性阶段，切应力和切应变成正比。由式（3.4.1）可以得到

$$G = \frac{\tau}{\gamma} \qquad (3.4.4)$$

在剪切比例极限内，受扭圆轴表面上任意一点处的切应力表达式为

$$\tau_{max} = \frac{T}{W_p} \tag{3.4.5}$$

由式(3.4.1)~式(3.4.5)得到

$$G = \frac{T}{W_p \cdot \gamma} \tag{3.4.6}$$

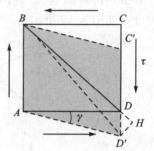

图 3.21 微体变形示意图

式中：W_p 为抗扭截面系数，$W_p = \dfrac{\pi d^3}{16}$（GB/T 10128—2007 称其为截面系数，用 W 表示）。

由于应变片只能直接测出正应变，不能直接测出切应变，故需找出切应变与正应变的关系。圆轴扭转时，圆轴表面上任意一点处于纯剪切受力状态，正方形微体变形示意图如图 3.21 所示。

根据图中所示正方形微体变形的几何关系可知：

$$\gamma \approx \frac{DD'}{AD} = 2\frac{DH}{BD} = 2\varepsilon_{-45°} = -2\varepsilon_{45°} \tag{3.4.7}$$

由式(3.4.4)~式(3.4.7)得到

$$G = \frac{T}{2W_p\varepsilon_{-45°}} = -\frac{T}{2W_p\varepsilon_{45°}} \tag{3.4.8}$$

根据上式，实验时，我们使用剪切应变花，如图 3.22 所示，在试件表面沿±45°方向粘贴，即可测出材料的切变模量 G。

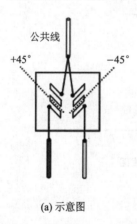

(a) 示意图

(b) 实物图

图 3.22 剪切应变花图

本实验采用增量法加载，即逐级加载，分别测量在各相同载荷增量 ΔT 作用下，产生的应变增量 $\Delta\varepsilon$。于是式(3.4.8)写为

$$G = \frac{\Delta T}{2W_p \cdot \Delta\varepsilon_{-45°}} = -\frac{\Delta T}{2W_p \cdot \Delta\varepsilon_{45°}} \tag{3.4.9}$$

根据本实验装置,有

$$\Delta T = \Delta F \cdot a \qquad (3.4.10)$$

式中:a 为力的作用线至试件轴线的距离。

最后,我们得到

$$G = \frac{\Delta F \cdot a}{2W_p \cdot \Delta\varepsilon_{-45°}} = -\frac{\Delta F \cdot a}{2W_p \cdot \Delta\varepsilon_{45°}} \qquad (3.4.11)$$

本实验在试件实验段的中间某一横截面的最高点和最低点各布置了一个剪切应变花,图 3.22 所示为最高点处的剪切应变花。组桥可以采用 1/4 桥、半桥或者全桥,请根据测量需要选择合适的电桥。

(2) 扭角仪测量切变模量 G

等截面圆轴在剪切比例极限内扭转时,若相距为 L 的两横截面之间扭矩为常数,则两横截面间的扭转角为

$$\varphi = \frac{TL}{GI_p} \qquad (3.4.12)$$

由式(3.4.12)可得

$$G = \frac{TL}{\varphi I_p} \qquad (3.4.13)$$

本实验采用增量法,测量在各相同载荷增量 ΔT 作用下,产生的扭转角增量 $\Delta\varphi$。于是式(3.4.13)写为

$$G = \frac{\Delta T \cdot L}{\Delta\varphi \cdot I_p} \qquad (3.4.14)$$

根据本实验装置,可以得到

$$\Delta\varphi = \frac{\Delta\delta}{b} \qquad (3.4.15)$$

式中:$\Delta\delta$ 为百分表杆移动的距离;b 为百分表杆触点至试件轴线的距离。

最后,我们得到

$$G = \frac{\Delta F \cdot a \cdot L \cdot b}{\Delta\delta \cdot I_p} \qquad (3.4.16)$$

3.4.3 实验设备和装置

1. 实验设备

① 微机控制电子万能试验机;

② 扭角仪;

③ 电阻应变仪;

④ 数显千分表;

⑤ 数显卡尺。

2. 试件及实验装置

中碳钢圆轴试件,名义尺寸 $d=40$ mm,材料屈服极限 $\sigma_s=360$ MPa,实验装置实物和示意图如图 3.23 所示。

(a) 实物图

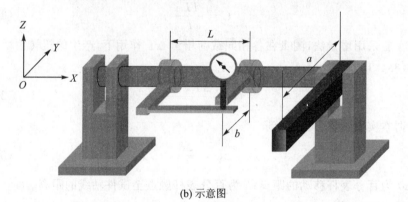

(b) 示意图

图 3.23　实验装置图

3.4.4　实验步骤

扭转实验对于受扭构件的生产制造和安全使用有着重要的工程意义,是检验构件生产质量和力学性能的基本实验,应按照国标 GB/T 10128—2007《金属材料室温扭转试验方法》进行。

① 测量试件尺寸。取试样标距两端和中间的三个截面,每个截面在相互垂直的方向各量取一次直径,取其算术平均值为平均直径,取三个截面中最小的平均直径作为被测试样的平均直径。

② 拟定加载方案。

③ 试验机准备、试件安装和仪器调整。

④ 测量实验装置的各种所需尺寸。

⑤ 确定组桥方式、接线、设置应变仪参数。

⑥ 安装扭角仪和数显千分表。

⑦ 检查及试车。检查以上步骤完成情况，然后预加一定载荷(一般取试验机量程的 15% 左右，但由于本实验只在线弹性范围内加载，所以预加载荷不能超过加载方案中的最大载荷)，再卸载，以检查试验机、应变仪、扭角仪和百分表是否处于正常状态。

⑧ 进行试验。加初载荷，记录此时应变仪的读数或将读数清零，并记录百分表的读数。逐级加载，记录每级载荷下相应的应变值和百分表的读数。同时检查应变变化和位移变化是否基本符合线性规律。实验至少重复 3~4 遍，如果数据稳定，重复性好即可。

⑨ 数据检查合格后，卸载、关闭电源、拆线、取下数显千分表并整理所用设备。

3.4.5　实验结果处理

① 从几组实验数据中选取线性最好的一组进行处理；在坐标纸上，分别在 $\tau - \gamma$ 坐标系和 $T - \varphi$ 坐标系下描出实验点，并拟合成直线，以验证圆轴扭转时的胡克定律。

② 用作图法计算两种实验方法所得切变模量 G。

③ 用逐差法计算两种实验方法所得切变模量 G。

3.4.6　思考题

1. 电测法测切变模量 G，试提出最佳组桥方案，并画出桥路图。

2. 在安装扭角仪和数显千分表时，应注意什么问题？

3. 低碳钢试样的直径 $d = 10$ mm，比例极限 $\tau_p = 120$ MPa，试问测定 G 时的最大扭矩为多少？

3.5　直梁弯曲实验

预习要求：

1. 复习电测法的组桥方法；

2. 复习梁的弯曲理论；

3. 设计本实验的组桥方案；

4. 拟定本实验的加载方案；

5. 设计本实验所需数据记录表格。

3.5.1　实验目的

①　用电测法测定纯弯曲梁中间横截面上的正应变分布规律,并与理论计算结果进行比较;

②　用电测法测定三点弯曲梁某一横截面上的正应变分布与最大切应变,并与理论计算结果进行比较;

③　学习电测法的多点测量。

3.5.2　实验原理

在比例极限内,根据平面假设和单向受力假设,受弯曲作用的梁横截面上的正应变为线性分布,如图 3.24 所示。

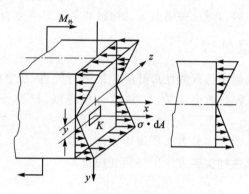

图 3.24　梁横截面上的正应变分布图

梁横截面上距中性层为 y 处的纵向正应变和横向正应变分别为

$$\varepsilon(y) = \frac{M \cdot y}{E \cdot I_z} \tag{3.5.1}$$

$$\varepsilon'(y) = -\mu \frac{M \cdot y}{E \cdot I_z} \tag{3.5.2}$$

式中:M 为弯矩。

距中性层为 y 处的纵向正应力为

$$\sigma(y) = E \cdot \varepsilon(y) = \frac{M \cdot y}{I_z} \tag{3.5.3}$$

对于三点弯梁,梁横截面上还存在弯曲切应力:

$$\tau(y) = \frac{F_s \cdot S_z(\omega)}{I_z \cdot \delta} \tag{3.5.4}$$

并且,在梁的中性层上存在最大弯曲切应力,对于实心矩形截面梁:

$$\tau_{max} = \frac{3F_s}{2A} \tag{3.5.5}$$

对于空心矩形截面梁：

$$\tau_{max} = \frac{F_S}{16 I_z t} \left[(bh^2 - (b - 2t)(h - 2t)^2 \right] \tag{3.5.6}$$

式中：t 为壁厚。由于在梁的中性层处，微体受纯剪切受力状态，因此有

$$\gamma_{max} = \frac{\tau_{max}}{G} \tag{3.5.7}$$

实验时，可根据中性层处±45°方向的正应变测得最大切应变：

$$\gamma_{max} = (\varepsilon_{-45°} - \varepsilon_{45°}) = 2\varepsilon_{-45°} = -2\varepsilon_{45°} \tag{3.5.8}$$

本实验采用重复加载法，多次测量在一级载荷增量 ΔM 作用下，产生的应变增量 $\Delta\varepsilon$、$\Delta\varepsilon'$ 和 $\Delta\gamma_{max}$。于是式(3.5.1)～式(3.5.3)和式(3.5.8)分别变为

$$\Delta\varepsilon(y) = \frac{\Delta M \cdot y}{E \cdot I_z} \tag{3.5.9}$$

$$\Delta\varepsilon'(y) = -\mu \frac{\Delta M \cdot y}{E \cdot I_z} \tag{3.5.10}$$

$$\Delta\sigma(y) = \frac{\Delta M \cdot y}{I_z} \tag{3.5.11}$$

$$\Delta\gamma_{max} = (\Delta\varepsilon_{-45°} - \Delta\varepsilon_{45°}) = 2\Delta\varepsilon_{-45°} = -2\Delta\varepsilon_{45°} \tag{3.5.12}$$

在本实验中，

$$\Delta M = \Delta F \cdot a / 2 \tag{3.5.13}$$

最后，取多次测量的平均值作为实验结果：

$$\Delta\bar{\varepsilon}(y) = \frac{\sum_{n=1}^{N} \Delta\varepsilon_n(y)}{N} \tag{3.5.14}$$

$$\Delta\bar{\varepsilon}'(y) = \frac{\sum_{n=1}^{N} \Delta\varepsilon'_n(y)}{N} \tag{3.5.15}$$

$$\Delta\bar{\sigma}(y) = \frac{\sum_{n=1}^{N} \Delta\sigma_n(y)}{N} \tag{3.5.16}$$

$$\Delta\bar{\gamma}_{max} = \frac{\sum_{n=1}^{N} \Delta\gamma_{n,max}}{N} \tag{3.5.17}$$

在矩形截面梁实验段某一横截面的不同高度处粘贴纵向电阻应变片，如图 3.25 所示(梁的总高度为 50 mm)。中性层位置粘贴了 S5 和 S6(S6 应变片沿±45°方向粘贴)，距中性层±10 mm 和±20 mm 的位置分别粘贴了 S4、S7、S3 和 S8 应变片。

在梁的上下表面粘贴应变片如图 3.26 所示。在距中性层±25 mm(上下表面)

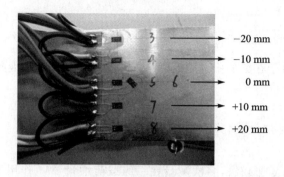

图 3.25　侧面高度上应变片

的位置粘贴了 S2 和 S9 应变片,并粘贴横向应变片 S1 和 S10。为了练习组桥,上下表面用独立引线的方式额外多粘贴了 2 片纵向应变片 S11 和 S12。梁受载后,各应变片的应变可由电阻应变仪测得,由此可得到纯弯曲、三点弯曲时梁沿高度方向的正应变分布,以及三点弯曲时梁的最大切应变。

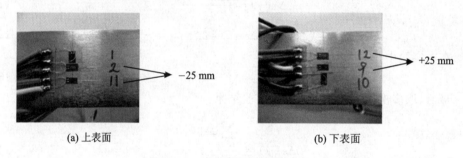

(a) 上表面 　　　　　　　　　　　　　(b) 下表面

图 3.26　上下表面应变片布置

3.5.3　实验设备和装置

1. 实验设备

① 微机控制电子万能试验机;

② 电阻应变仪;

③ 数显卡尺及钢板尺。

2. 试件与实验装置

本实验所用试件为实心中碳钢矩形截面梁,其横截面设计尺寸为 $h \times b = 50 \ \text{mm} \times 30 \ \text{mm}$。材料的屈服极限 $\sigma_s = 360 \ \text{MPa}$,弹性模量 $E = 210 \ \text{GPa}$,泊松比 $\mu = 0.28$。纯弯曲和三点弯曲实验装置实物与示意图分别见图 3.27 和图 3.28。

(a) 实物图

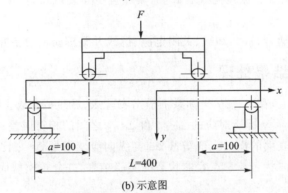

(b) 示意图

图 3.27　纯弯曲实验装置

(a) 实物图

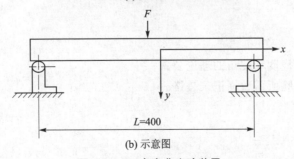

(b) 示意图

图 3.28　三点弯曲实验装置

3.5.4 实验步骤

① 根据试件的许用应力以及力传感器的量程拟定加载方案。

② 试验机准备、试件安装和仪器调整。

③ 确定组桥方式、接线、设置应变仪参数，各点预调平衡。

④ 检查及试车。检查以上步骤完成情况，然后预加一定载荷，再卸载，以检查试验机和应变仪是否处于正常状态。

⑤ 进行试验。根据加载方案缓慢加载，记录每次载荷增量 ΔF 以及对应的应变增量 $\Delta\varepsilon$；所有的测试点加载完成后卸载，实验至少重复两次，如果数据稳定，重复性好即可。

⑥ 数据经检验合格后，卸载、关闭电源、拆线并整理所用设备并放回原位。

3.5.5 实验结果处理

① 在坐标纸上，在 $y-\Delta\sigma$ 坐标系下描出实验点，然后拟合成直线，与理论结果进行比较，并计算同 y 坐标所对应的 $\Delta\sigma_{实验}$ 和 $\Delta\sigma_{理论}$ 之间的相对误差；

② 计算上下表面的横向应变增量 $\Delta\varepsilon'$ 与纵向应变增量 $\Delta\varepsilon$ 之比的绝对值；

③ 对比纯弯曲状态与三点弯曲状态的实验结果，并分析横截面上剪力对正应变分布的影响。

3.5.6 思考题

1. 设计本实验的夹具应考虑哪些因素？

2. 安装试件时应当注意什么问题？

3. 在本次实验中，如何用半桥法测最大弯曲正应变？试画出桥路图。

4. 正应变分布规律的实验结果和理论计算是否一致？如不一致，其主要影响因素是什么？

3.6 梁变形实验

预习要求：

1. 预习梁的挠度和转角的理论公式；

2. 设计本实验所需数据记录表格。

3.6.1　简支梁实验

1. 实验目的

① 简支梁在跨度中点承受集中载荷 F,测定梁最大挠度和支点处转角,并与理论值比较;

② 验证位移互等定理;

③ 测定简支梁跨度中点受载时的挠曲线(测量数据点不少于 7 个)。

2. 实验原理

(1) 最大挠度和支点处转角

简支梁在跨度中点承受集中载荷 F 时,跨度中点处的挠度最大,根据理论计算,其中点挠度为

$$f_c = \frac{F \cdot l^3}{48EI} \tag{3.6.1}$$

支座处截面的转角为

$$\theta_A = \frac{F \cdot l^2}{16EI} \tag{3.6.2}$$

式中:l 为梁的跨度;EI 为截面抗弯刚度。

梁小变形时,简支梁支点处的转角很小,由受载后端部 D 点处百分表千分表的读数 δ 与长度 a,可计算出支点 A 处的转角 θ:

$$\theta \approx \tan \theta = \frac{\delta}{a} \tag{3.6.3}$$

简支梁示意图如图 3.29 所示。

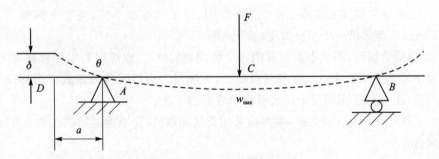

图 3.29　简支梁示意图

(2) 位移互等定理

位移互等定理示意图如图 3.30 所示。

对于线弹性体,F_1 在 F_2 引起的位移 Δw_{12} 上所做之功,等于 F_2 在 F_1 引起的位

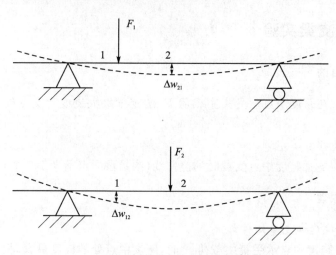

图 3.30　位移互等定理示意图

移 Δw_{21} 上所做之功,即

$$F_1 \cdot \Delta w_{12} = F_2 \cdot \Delta w_{21} \tag{3.6.4}$$

若 $F_1 = F_2$,则有

$$\Delta w_{12} = \Delta w_{21} \tag{3.6.5}$$

式(3.6.5)说明:当 F_1 与 F_2 数值相等时,F_2 在点 1 沿 F_1 方向引起的位移 Δw_{12},等于 F_1 在点 2 沿 F_2 方向引起的位移 Δw_{21}。此定理称为位移互等定理。

(3) 挠曲线的测定

① 要求不少于 7 个点。可利用中点加载时挠曲线关于中线左右对称的特点。另外,中点已测量,支座处挠度为 0,这 3 个点的数据(2 个支座处的挠度均为 0)可以直接采用;

② 绘制挠曲线注意事项:用坐标纸作图、标出坐标和单位、挠度坐标精度足够(0.01 mm 与坐标纸一个小格对应)及坐标前后统一;

③ 测量数据时,要求中点加载测各个位置处的挠度,也可以利用位移互等定理,将数显千分表固定在中点而在各测点加载,即测量时可以采用固定载荷而移动千分表的方法,也可以采用固定千分表而移动载荷的方法。

为了尽可能减小实验误差,本实验采用重复加载法,要求重复加载次数 $n = 3 \sim 4$。取初载荷:

$$F_0 = (Q + 0.5) \cdot 9.8 \text{ N} \tag{3.6.6}$$

式中:Q 为砝码盘和砝码钩的总质量,每个砝码的质量为 0.5 kg。(为了防止加力点位置变动,在重复加载过程中,最好始终有一个砝码保留在砝码盘上。)

加载时放置 4 个砝码,增加载荷:

$$\Delta F = (4 \times 0.5) \cdot 9.8 \text{ N} \tag{3.6.7}$$

3. 实验设备和装置

（1）实验设备

① 简支梁及支座；

② 数显千分表和磁性表座；

③ 砝码、挂钩、托盘；

④ 数显卡尺和钢卷尺。

（2）试件及实验装置

中碳钢矩形截面梁，$\sigma_s = 360$ MPa，$E = 210$ GPa，实验装置如图 3.31 所示。

图 3.31　实验装置实物图

4. 实验步骤

① 测量梁的尺寸，包括宽度 b、厚度 h 和支座之间的距离 L；

② 在梁的跨度中点处安装千分表调整磁性支座使得千分表与梁垂直，且安装在梁的宽度中间位置；

③ 实验时，施加 1 个砝码作为预载荷，将数显千分表调零，施加 4 个砝码（只有一级载荷增量，砝码缺口尽可能交错放置），记录数显千分表的读数；

④ 重复加载 3～4 次；

⑤ 将数显千分表移至梁的端部，方法同上，进行加载记录；

⑥ 实验结束后，拆卸数显千分表及加载砝码，整理好仪器设备。

5. 实验结果处理

① 取几组实验数据中最好的一组进行处理；

② 计算最大挠度和支点处转角的实验值与理论值之间的误差；

③ 验证位移互等定理；

④ 在坐标纸上，在 $x - \Delta w$ 坐标系下描出实验点，然后拟合成光滑曲线。

6. 思考题

1. 若需测简支梁跨度中任意截面处的转角,如何进行测试?

2. 验证位移互等定理时,是否可在梁上任选两点进行测量?

3. 在测定梁挠度曲线时,如果要求数显千分表不能移动,能否测出挠度曲线? 怎样测?

4. 是否可以利用该实验装置测材料的弹性模量?

3.6.2　悬臂梁实验

1. 实验目的

利用贴有应变片的悬臂梁装置,测定黑色砝码的质量。

2. 实验原理

悬臂梁受载时,在靠近梁端部的上下表面各粘贴一片应变片 R_A 和 R_B,如图 3.32 所示。在该截面 $A—B$ 上的最大弯曲正应变表达式为

$$\varepsilon_{\max} = \frac{M}{E \cdot W_Z} \tag{3.6.8}$$

$A—B$ 截面上的弯矩的表达式为

$$M = mg \cdot l \tag{3.6.9}$$

为了尽可能减小距离 l 的测量误差,实验时分别在 1 位置和 2 位置加载(如图 3.32 所示),测出 $A—B$ 截面上的最大纵向正应变,它们的差为

$$\Delta\varepsilon = \varepsilon_{\max 1} - \varepsilon_{\max 2} = \frac{mg \cdot l_{12}}{E \cdot W_Z} \tag{3.6.10}$$

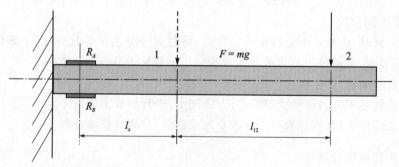

图 3.32　悬臂梁受载示意图

由式(3.6.10)导出金属块重量 mg 的计算公式为

$$mg = \frac{E \cdot \Delta\varepsilon \cdot W_Z}{l_{12}} \tag{3.6.11}$$

加载方案采用重复加载,要求重复加载次数 $n=3\sim4$。$\Delta F=mg$。

3. 实验设备和实验装置

(1) 实验设备
① 悬臂梁及支座;
② 电阻应变仪;
③ 标准砝码,黑色砝码(一对);
④ 挂钩、托盘;
⑤ 数显卡尺和钢卷尺。

(2) 实验装置

中碳钢矩形截面梁,屈服极限 $\sigma_s=360$ MPa,弹性模量 $E=210$ GPa。在某一横截面的上下表面 A 点和 B 点分别沿纵向粘贴电阻应变片,如图 3.33 所示。

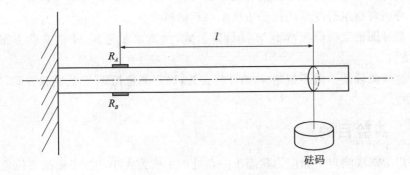

图 3.33　实验装置示意图

4. 实验步骤

① 测量梁的尺寸,包括宽度、厚度和两个加载位置的距离 l_{12};
② 将应变片按照 1/4 桥或者半桥法(计算应变时需要除以 2)接入应变仪;
③ 在悬臂梁受载示意图的点 1 处施加载荷(即放置砝码),记录应变仪的读数;
④ 在悬臂梁受载示意图的点 2 处施加载荷(即放置砝码),记录应变仪的读数;
⑤ 将应变值代入公式,计算砝码的质量。

5. 实验结果处理

① 取几组实验数据中最好的 1 组进行处理;
② 将 1/4 桥或半桥(数据除以 2)的应变结果代入公式计算砝码的质量。

6. 思考题

1. 如果要求只用梁的 A 点或 B 点上的电阻应变片,如何测量?

2. 如果要求梁 A 点和 B 点上的电阻应变片同时使用,如何测量?

3. 比较以上两种方法,分析哪种方法实验结果更精确?

4. 如果悬臂梁因条件所限只能在自由端端点处安装数显千分表,如何测得悬臂梁自由端受载时的挠曲线(要求测量点不少于 5 个点)?

3.7 弯扭组合实验

预习要求:

1. 复习材料力学课本弯扭组合变形及应力应变分析的有关章节;

2. 分析弯扭组合变形的圆轴表面上一点的应力状态;

3. 推导圆轴某一截面弯矩 M 的计算公式,确定测量弯矩 M 的实验方案,并画出组桥方式;

4. 推导圆轴某一截面扭矩 T 的计算公式,确定测量扭矩 T 的实验方案,并画出组桥方式。

3.7.1 实验目的

① 用电测法测定平面应力状态下一点处的主应力大小和主平面的方位角;

② 测定圆轴上贴有应变片截面上的弯矩和扭矩;

③ 学习三向电阻应变花的应用。

3.7.2 实验原理

1. 测定平面应力状态下一点处的主应力大小和主平面的方位角

圆轴试件的一端固定,另一端通过一拐臂承受集中载荷 F,圆轴处于弯扭组合变形状态,某一截面上下表面微体的应力状态如图 3.34 所示。

在圆轴某一横截面 $A—B$ 的上、下两点各粘贴 1 个 3 轴应变花,如图 3.35 所示,使应变花的各应变片方向分别沿 $0°$ 和 $\pm45°$ 放置。

根据平面应变状态应变分析公式

$$\varepsilon_a = \frac{\varepsilon_x + \varepsilon_y}{2} + \frac{\varepsilon_x - \varepsilon_y}{2}\cos 2\alpha - \frac{\gamma_{xy}}{2}\sin 2\alpha \qquad (3.7.1)$$

可得到关于 ε_x、ε_y、γ_{xy} 的三个线性方程组,解得

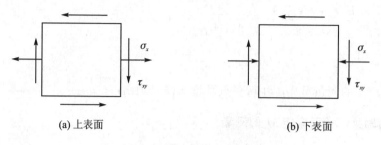

(a) 上表面　　　　　　　　　　　(b) 下表面

图 3.34　圆轴表面微体的应力状态

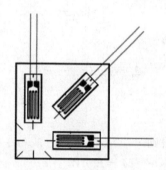

图 3.35　应变花示意图

$$\varepsilon_x = \varepsilon_{0°}$$
$$\varepsilon_y = \varepsilon_{45°} + \varepsilon_{-45°} - \varepsilon_{0°} \tag{3.7.2}$$
$$\gamma_{xy} = \varepsilon_{-45°} - \varepsilon_{45°}$$

平面应变状态的主应变$(\varepsilon_1, \varepsilon_2)$及其方位角公式为

$$\begin{matrix} \varepsilon_1 \\ \varepsilon_2 \end{matrix} = \frac{\varepsilon_x + \varepsilon_y}{2} \pm \sqrt{\left(\frac{\varepsilon_x - \varepsilon_y}{2}\right)^2 + \left(\frac{\gamma_{xy}}{2}\right)^2} \tag{3.7.3}$$

$$\tan \alpha_0 = -\frac{\gamma_{xy}}{2(\varepsilon_x - \varepsilon_{min})} = -\frac{\gamma_{xy}}{2(\varepsilon_{max} - \varepsilon_y)} \quad \text{或} \quad \tan 2\alpha_0 = -\frac{\gamma_{xy}}{\varepsilon_x - \varepsilon_y}$$
$$\tag{3.7.4}$$

将式(3.7.2)分别代入式(3.7.3)和式(3.7.4)，即可得到主应变及其方位角的表达式。

对于各向同性材料，应力应变关系满足广义胡克定律：

$$\begin{cases} \sigma_1 = \dfrac{E}{1-\mu^2}(\varepsilon_1 + \mu\varepsilon_2) \\[2mm] \sigma_2 = \dfrac{E}{1-\mu^2}(\varepsilon_2 + \mu\varepsilon_1) \end{cases} \tag{3.7.5}$$

由式(3.7.2)～式(3.7.5)，可得一点的主应力(σ_1, σ_2)及其方位角的表达式为

$$\begin{matrix} \sigma_1 \\ \sigma_2 \end{matrix} = \frac{E(\varepsilon_{45°} + \varepsilon_{-45°})}{2(1-\mu)} \pm \frac{\sqrt{2}E}{2(1+\mu)} \sqrt{(\varepsilon_{0°} - \varepsilon_{45°})^2 + (\varepsilon_{0°} - \varepsilon_{-45°})^2} \quad (3.7.6)$$

$$\tan 2\alpha_0 = \frac{\varepsilon_{45°} - \varepsilon_{-45°}}{2\varepsilon_{0°} - \varepsilon_{45°} - \varepsilon_{-45°}} \quad (3.7.7)$$

$\varepsilon_{0°}$、$\varepsilon_{45°}$ 和 $\varepsilon_{-45°}$ 的测量可用 1/4 桥多点测量法同时测出。

2. 圆轴某一截面弯矩 M 的测量

轴向应力 σ_x 仅由弯矩 M 引起,故有

$$\sigma_x = \frac{M}{W_z} \quad (3.7.8)$$

根据广义胡克定律,可得

$$\varepsilon_x = \frac{1}{E}(\sigma_x - \mu\sigma_y) \quad (3.7.9)$$

又

$$\sigma_y = 0 \quad (3.7.10)$$

由式(3.7.8)~式(3.7.10)得到

$$M = E \cdot W_z \cdot \varepsilon_x \quad (3.7.11)$$

以某截面上应力最大的上点或下点作为测量点。在上点和下点沿纵轴方向仅有弯曲引起的拉压应变,且应变值大小相等方向相反。由此可用 1/4 桥接法也可采用半桥接法测出 x 方向应变片的应变值 $\varepsilon_x (\varepsilon_x = \varepsilon_{0°})$。

3. 圆轴某一截面扭矩 T 的测量

在本实验中,扭矩所引起的切应力为

$$\tau_x = \frac{T}{W_P} \quad (3.7.12)$$

实验中扭矩和剪力均会引起±45°方向的正应变,但是通过采用半桥接法或全桥接法,剪力引起的应变会相互抵消。根据剪切胡克定律以及切应变与±45°方向正应变之间的转换关系,可得

$$\tau_x = G \cdot \gamma_{xy} = G \cdot (\varepsilon_{-45°} - \varepsilon_{45°}) \quad (3.7.13)$$

由式(3.7.12)和式(3.7.13)可得

$$T = G \cdot W_P \cdot (\varepsilon_{-45°} - \varepsilon_{45°}) = \frac{E}{2(1+\mu)} \cdot W_P \cdot (\varepsilon_{-45°} - \varepsilon_{45°}) \quad (3.7.14)$$

$(\varepsilon_{-45°} - \varepsilon_{45°})$ 的测量可用半桥接法,也可采用全桥接法。1/4 桥、半桥和全桥桥接电路图如图 3.36 所示。

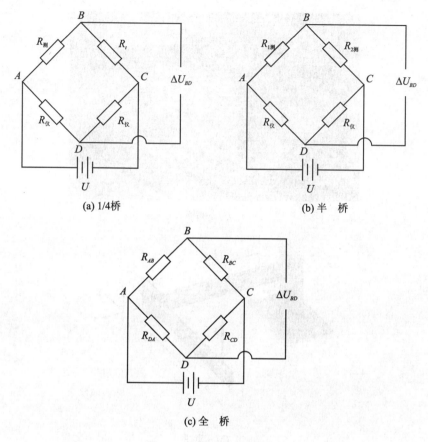

图 3.36 组桥方式电路图

3.7.3 实验设备和装置

1. 实验设备

① 微机控制电子万能试验机；

② DH3818 – 2 型电阻应变仪；

③ 数显卡尺。

2. 实验装置

弯扭组合实验装置如图 3.37 所示。空心圆轴试件直径 $D_0 = 42$ mm，壁厚 $t = 3$ mm；中碳钢材料屈服极限 $\sigma_s = 360$ MPa，弹性模量 $E = 210$ GPa，泊松比 $\mu = 0.28$。

(a) 实物图

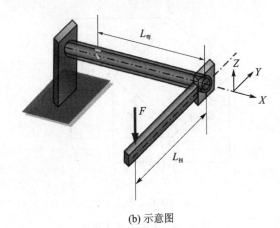

(b) 示意图

图 3.37　实验装置

3.7.4　实验步骤

① 设计实验所需各类数据表格。

② 测量试件尺寸,测量三次,取其平均值作为实验值。

③ 拟定加载方案。为了尽可能减小实验误差,本实验采用重复加载法。可参考如下加载方案:$F_0=500$ N,$F_{max}=1\,500$ N,$\Delta F=1\,000$ N,重复次数 $n=3\sim4$,加载速率 $V\leqslant5$ mm/min。

④ 试验机准备、试件安装和仪器调整。

⑤ 确定组桥方式,画出电桥图,按照电桥图接线并设置应变仪参数,各点预调平衡。

⑥ 检查及试车。检查以上步骤完成情况,然后预加一定载荷,再卸载至初载荷以下,以检查试验机及应变仪是否处于正常状态。

⑦ 进行试验。根据加载方案逐点逐次缓慢加载,记录每次加载所测得的数据,

加载方案完成后卸载。实验重复 3～4 次,如果数据稳定,重复性好即可。

3.7.5　实验结果处理

① 将各类数据整理成表,并计算各测量值的平均值;

② 计算载荷 ΔF 对应的实验点的主应力大小($\Delta \sigma_1$,$\Delta \sigma_2$)和其方位角,并与理论值(按名义尺寸计算)进行比较;

$$\begin{matrix} \Delta \sigma_1 \\ \Delta \sigma_2 \end{matrix} = \frac{E(\Delta \varepsilon_{45°}^{均} + \Delta \varepsilon_{-45°}^{均})}{2(1-\mu)} \pm \frac{\sqrt{2}E}{2(1+\mu)} \sqrt{(\Delta \varepsilon_{0°}^{均} - \Delta \varepsilon_{45°}^{均})^2 + (\Delta \varepsilon_{0°}^{均} - \Delta \varepsilon_{-45°}^{均})^2}$$

$$(3.7.15)$$

$$\tan 2\alpha_0 = \frac{\Delta \varepsilon_{45°}^{均} - \Delta \varepsilon_{-45°}^{均}}{2\Delta \varepsilon_{0°}^{均} - \Delta \varepsilon_{45°}^{均} - \Delta \varepsilon_{-45°}^{均}} \qquad (3.7.16)$$

③ 计算圆轴上贴有应变片截面上的弯矩:

$$\Delta M = E \cdot W_z \cdot \Delta \varepsilon_x^{均} \qquad (3.7.17)$$

④ 计算圆轴上贴有应变片截面上的扭矩:

$$\Delta T = \frac{E}{2(1+\mu)} \cdot W_P \cdot (\Delta \varepsilon_{-45°} - \Delta \varepsilon_{45°})^{均} \qquad (3.7.18)$$

⑤ 将上述 ΔM 的计算值与 $\Delta F \cdot l_2$ 的值进行比较,并分析其误差;

⑥ 将上述 ΔT 的计算值与 $\Delta F \cdot l_1$ 的值进行比较,并分析其误差。

3.7.6　思考题

1. 主应力大小及主平面方位角的测量中,应变花是否只能沿 0°、+45°、−45°三个方向粘贴?

2. 测主应力大小时,有哪些因素会引起误差?

3. 如何使用最少的应变片和最少的测量通道,一次加载同时测出作用在 $A—B$ 截面上的弯矩和扭矩?

3.8　偏心拉伸实验

预习要求:

1. 分析构件在单向偏心拉伸状态时,横截面上的受力;

2. 复习电测法的几种组桥方法;

3. 设计本实验所需数据记录表格。

3.8.1　实验目的

① 测量试件在偏心拉伸时横截面上的最大正应变 ε_{max};

② 测定中碳钢材料的弹性模量 E；

③ 测定试件的偏心距 e。

3.8.2 实验原理

试件承受偏心拉伸载荷作用，偏心距为 e。在试件某一截面两侧的 a 点和 b 点处分别沿试件纵向粘贴应变片 R_a 和 R_b，则 a 点和 b 点的正应变为

$$\varepsilon_a = \varepsilon_F + \varepsilon_M + \varepsilon_t \tag{3.8.1}$$

$$\varepsilon_b = \varepsilon_F - \varepsilon_M + \varepsilon_t \tag{3.8.2}$$

式中：ε_F 为轴向拉伸应变；ε_M 为弯曲正应变；ε_t 为温度变化产生的应变。

经分析可知，横截面上的最大正应变为

$$\varepsilon_{max} = \varepsilon_F + \varepsilon_M \tag{3.8.3}$$

根据单向拉伸胡克定律可知：

$$E = \frac{F}{A\varepsilon_F} \tag{3.8.4}$$

试件偏心距 e 的表达式为

$$e = \frac{\varepsilon_M \cdot W_z \cdot E}{F} \tag{3.8.5}$$

可以通过不同的组桥方式测出上式中的 ε_{max}、ε_F 及 ε_M，从而进一步求得弹性模量 E 和偏心距 e。

1. 测最大正应变 ε_{max}

组桥方式如图 3.38(a) 所示（1/4 桥）。

$$\begin{aligned}
\varepsilon_{max} &= \varepsilon_F + \varepsilon_M \\
&= (\varepsilon_F + \varepsilon_M + \varepsilon_t) - \varepsilon_t \\
&= \varepsilon_a - \varepsilon_t \tag{3.8.6}
\end{aligned}$$

2. 测拉伸正应变 ε_F

组桥方式如图 3.38(b) 所示（全桥，使用 2 个温补片）。

$$\begin{aligned}
\varepsilon_F &= \frac{1}{2} \left[(\varepsilon_F + \varepsilon_M + \varepsilon_t) - \varepsilon_t - \varepsilon_t + (\varepsilon_F - \varepsilon_M + \varepsilon_t) \right] \\
&= \frac{1}{2} (\varepsilon_a - \varepsilon_t - \varepsilon_t + \varepsilon_b) \tag{3.8.7}
\end{aligned}$$

将 ε_F 代入式(3.8.4)，即可求得材料的弹性模量 E。

3. 测偏心矩 e

组桥方式如图 3.38(c) 所示（半桥）。

$$\varepsilon_M = \frac{1}{2}\left[(\varepsilon_F + \varepsilon_M + \varepsilon_t) - (\varepsilon_F - \varepsilon_M + \varepsilon_t)\right]$$

$$= \frac{1}{2}(\varepsilon_a - \varepsilon_b) \qquad\qquad (3.8.8)$$

将 ε_M 代入式(3.8.5)即得到试件的偏心距 e。

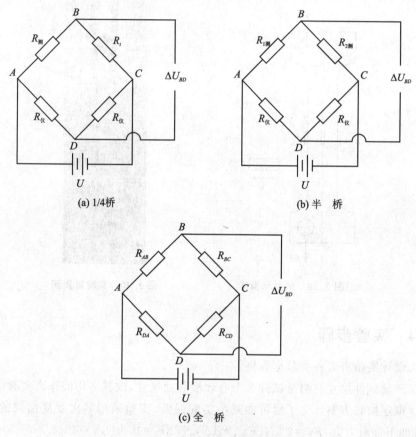

(a) 1/4 桥 　　　　　　　　　　　　　(b) 半　桥

(c) 全　桥

图 3.38　组桥方式电路图

3.8.3　实验设备和试件

1. 实验设备

① 微机控制电子万能试验机；

② DH3818－2 电阻应变仪；

③ 数显卡尺。

2. 试 件

中碳钢矩形截面试件,如图 3.39 所示。截面的名义尺寸为 $h \times b = 24 \text{ mm} \times 8 \text{ mm}$, 屈服极限 $\sigma_s = 360 \text{ MPa}$。试件装置如图 3.40 所示。

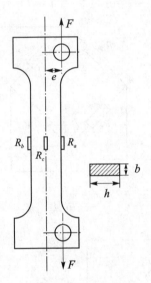

图 3.39　试件示意图

图 3.40　实验装置图

3.8.4　实验步骤

① 设计实验所需各类数据表格。

② 测量试件尺寸。测量试件 3 个有效横截面尺寸,取其平均值作为实验值。

③ 拟定加载方案。为了尽可能减小实验误差,实验采用多次重复加载的方法。可参考如下加载方案:$F_0 = 2 \text{ kN}, F_{max} = 12 \text{ kN}, \Delta F = 10 \text{ kN}, n = 3 \sim 4$。

④ 试验机准备、试件安装和仪器调整。

⑤ 确定各项要求的组桥方式、接线和设置应变仪参数,预调平衡。

⑥ 检查及试车。检查以上步骤完成情况,然后预加一定载荷,再卸载至初载荷以下,以检查试验机及应变仪是否处于正常状态。

⑦ 进行试验。根据加载方案逐点逐次缓慢加载,记录每次加载所测得的数据,加载方案完成后卸载。实验至少重复 4 次,如果数据稳定,重复性好即可。

3.8.5　实验结果处理

① 对几组实验数据求平均值;

② 求最大正应变增量:

$$\Delta\varepsilon_{max} = \frac{\sum_{n=1}^{N}\Delta(\varepsilon_a - \varepsilon_t)}{N} \qquad (3.8.9)$$

③ 计算材料的弹性模量：

$$E = \frac{\Delta F \cdot N}{A \cdot \sum_{n=1}^{N}\Delta\varepsilon_F} \qquad (3.8.10)$$

④ 求实验段横截面上的最大正应力增量：

$$\Delta\sigma_{max} = E \cdot \Delta\varepsilon_{max} \qquad (3.8.11)$$

⑤ 计算试件的偏心距：

$$e = \frac{\sum_{n=1}^{N}\Delta\varepsilon_M \cdot W_Z \cdot E}{\Delta F \cdot N} \qquad (3.8.12)$$

3.8.6　思考题

1. 材料在单向偏心拉伸时,分别有哪些内力存在?

2. 通过全桥法测 ε_F 和利用 $\varepsilon_F = \varepsilon_{max} - \varepsilon_M$ 测 ε_F ,哪种方法测量精度高?

第4章 材料力学扩展实验

4.1 光弹性实验

4.1.1 实验目的

① 了解平面光弹性法的基本原理及其在实验应力分析中的应用。

② 了解透射式光弹仪的结构,了解正交圆偏振光场的光路构成。

③ 观察拉压杆在集中力作用下的等差线,体会应力集中、圣维南原理等相关概念;观察梁在四点弯曲(纯弯曲)时的等差线的分布特征并验证梁应力分布理论公式;观察带尖锐毛刺和豁口的试件在外载作用下的等差线分布特征,体会两处应力特征的不同。

4.1.2 实验原理

1. 光的偏振和双折射现象

双折射是光束入射到各向异性的晶体(如方解石),分解为两束光而沿不同方向折射的现象。例如将一块透明的方解石放在书上看,它下面的线条都变成双影。光在非均质体中传播时,其传播速度和折射率值随振动方向不同而改变,其折射率值不止一个;光波入射非均质体,除特殊方向以外,都要发生双折射,分解成偏振方向互相垂直、传播速度不同、折射率不等的两种偏振光,此现象即为双折射。方解石的双折射以及双折射光束的偏振特性如图4.1所示。

各向异性透明晶体如方解石、石英等的双折射,是其固有的特性,称为永久双折射。有些本来是光各向同性的非晶体,如环氧树脂、有机玻璃、聚碳酸脂等,在不受外力时没有双折射现象。然而当其承受外力时,就呈现光的各向异性,发生双折射现象,而当外力撤除时,又回复原各向同性。这种现象称为暂时双折射。

2. 应力-光学定律

偏振光垂直通过受力的暂时双折射材料上的一点时,它只沿着该点的两个主应力方向分解并振动,且只在主应力平面内通过(相当于 o、e 光)。所分解的两光波在介质内的折射率(n_1,n_2)与未受力前 n_0 发生了改变,其变化量与主应力的大小成线性关系。

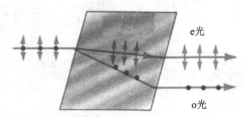

图 4.1 方解石的双折射以及双折射光束的偏振特性

实践证明,模型上任一点的主应力与折射率有如下关系:

$$n_1 - n_0 = A\sigma_1 + B\sigma_2 \qquad (4.1.1)$$

$$n_2 - n_0 = A\sigma_2 + B\sigma_1 \qquad (4.1.2)$$

式中:n_0 为无应力时的模型材料的折射率;n_1、n_2 为偏振光分别在 σ_1 和 σ_2 方向振动时模型材料的折射率;A、B 为模型材料的绝对应力光学系数。

消去 n_0,令 $C = A - B$ 得

$$n_1 - n_2 = C(\sigma_1 - \sigma_2) \qquad (4.1.3)$$

式中:C 为模型材料的相对应力光学系数;d 为模型厚度。

光程差为

$$\delta = (n_e - n_o)d = (n_1 - n_2)d \qquad (4.1.4)$$

代入式(4.1.3)可得

$$\delta = (n_e - n_o)d = C(\sigma_1 - \sigma_2)d \qquad (4.1.5)$$

相对光程差和位相差分别为

$$r = \delta/\lambda = \frac{C}{\lambda}(\sigma_1 - \sigma_2)d = (\sigma_1 - \sigma_2)d/f_0 \qquad (4.1.6)$$

$$\Delta = r \times 2\pi = 2\pi(\sigma_1 - \sigma_2)d/f_0 \qquad (4.1.7)$$

式中:f_0 为材料的条纹值,$f_0 = \lambda/C$,单位 N/m。

上述各式表明,当模型厚度 d 一定时,只要找出光程差(或位相差)即可求出该点的主应力之差。

3. 光弹纹场的获取

(1) 正交线偏振光场法

正交线偏振光场法如图 4.2 所示,它主要由光源和两块偏振片组成,靠近光源的一块偏振片是起偏镜 P1,模型另一侧的偏振片称为检偏镜 P2。通常,正交线偏振光系统中起偏镜的偏振轴 P1 在垂直方向,检偏镜的偏振轴 P2 调整在水平方向,此时

形成暗场,称为正交线偏振光场。

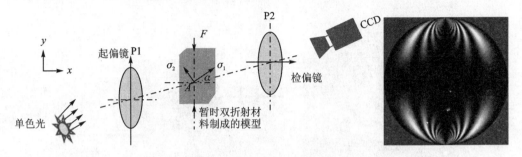

图 4.2　正交线偏振光场法

单色光通过起偏镜后变为沿 P1 方向的线偏振光:

$$E_{P1} = A \cdot \sin \omega t \tag{4.1.8}$$

设 A 点的第一主应力 σ_1 的方向角为 α。E_{P1} 垂直入射到模型表面 A 点处后,由于双折射现象,将分解为沿 σ_1、σ_2 两个方向的振动的线偏振光:

$$E_{\sigma 1} = A \sin \alpha \sin \omega t \tag{4.1.9}$$

$$E_{\sigma 2} = A \cos \alpha \sin \omega t \tag{4.1.10}$$

这两束光在模型中传播速度不同,产生相位差 Δ,则通过模型后的两束光为

$$E'_{\sigma 1} = A \sin \alpha \sin \omega t \tag{4.1.11}$$

$$E'_{\sigma 2} = A \cos \alpha \sin(\omega t - \Delta) \tag{4.1.12}$$

$E'_{\sigma 1}$、$E'_{\sigma 2}$ 通过检偏镜后,两者偏振方向一致,具备了干涉条件,此时合成的光波为

$$E_{P2} = E'_{\sigma 1} \cos \alpha - E'_{\sigma 2} \sin \alpha = A \cdot \sin 2\alpha \cdot \sin(\Delta/2) \cdot \sin(\omega - \Delta/2) \tag{4.1.13}$$

由于光强与振幅平方成正比,故干涉后的光强可以表示为

$$I = K \left(A \sin 2\alpha \sin \frac{\Delta}{2} \right)^2 \tag{4.1.14}$$

式中:K 为常数。

式(4.1.14)表明,由于 $A \neq 0$,因此从检偏镜上看到,当 O 点是暗点时会有两种情况:

① $\sin 2\alpha = 0$,即 $\alpha = 0$ 或 $\alpha = \dfrac{\pi}{2}$。此时 O 点的主应力方向和偏振轴方向重合,所以主应力方向与偏振轴方向重合的点连成一片形成了暗纹。由于暗纹上各点主应力方向都与此时的偏振轴方向一致,具有相同的倾角,故暗纹称为等倾线。

② $\sin \dfrac{\Delta}{2} = 0$,即 $\dfrac{\Delta}{2} = n\pi, n = 0, \pm 1, \pm 2, \cdots$。这表明只要光程差等于单色光波长的整数倍时,在检偏镜后就消光而成为暗点。可以得到

$$\Delta = 2n\pi = 2\pi(\sigma_1 - \sigma_2)d/f_0 \tag{4.1.15}$$

式中：f_0 为材料的条纹值，是与光源波长和模型材料有关的常数，可通过实验测得。

主应力差可表示为

$$\sigma_1 - \sigma_2 = \frac{f_0}{d} n \tag{4.1.16}$$

平面应力状态模型上所有满足此关系的连续分布的点，组成了一条黑条纹，该条纹上的主应力差都是同一个常数。该条纹称为等差线，与该条纹对应的 n 称为该条纹的级数。条纹级数 n 越大，表明该点主应力差越大。

（2）正交圆偏振光场法

采用线偏振光法时，等倾线和等差线同时出现，彼此干扰，影响观察测量。为了消除等倾线，得到清晰的等差线，可以采用正交圆偏振光法，即起偏镜和检偏镜的偏振轴相互垂直，2 块 1/4 波片的快慢轴相互垂直，且 1/4 波片的快慢轴与两偏振片的偏振轴成 45°，如图 4.3 所示。

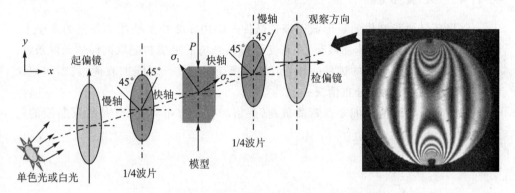

图 4.3　正交圆偏振光场光路（左）与等差线（右）

采用正交圆偏振光场，即可消除等倾线，只保留等差线，其中原理可以参阅有关书籍。

（3）等差线所包含的应力信息

等差线所包含的应力信息是：

① 一般情况下，应力梯度大的地方（例如应力集中处），主应力差变化也比较剧烈，等差线条纹也越密集。观察图 4.3 中对径压缩圆盘的等差线分布特征，并结合该问题的理论解，体会一下是否是这样。

② 单向应力状态下，(a)应力均匀分布意味着记录等差线的数字图像灰度单一，没有差别；(b)光弹条纹场均匀单色，说明应力场是均匀的。

4.1.3　实验设备和试件

本实验采用带有加载架的集成式光弹仪，试件为环氧树脂或聚碳酸酯制成的梁或杆试件。试件和光弹仪如图 4.4 所示。

图 4.4　集成式光弹仪(左)和试件(右)

4.1.4　实验步骤

① 将环氧树脂制作的矩形截面细长试件一端用 502 胶水粘在加载台的底座上,另一端沿试件的中心线施加载荷,在正交圆偏振光场下观察和记录试件的光弹条纹;

② 将带豁口和毛刺的试件一端置于加载平台上,另一端施加载荷,观察和记录豁口和毛刺处的等差线分布情况;

③ 对环氧梁试件施加 4 点弯曲载荷,观察和记录整个梁,尤其是纯弯曲段的等差线条纹分布特征。

4.1.5　实验结果

1. 拉压板的圣维南原理应用

典型等差线结果如图 4.5 所示。

图 4.5　拉压板的等差线分布

参考 4.1.3 小节,请根据图 4.5 的测试结果回答以下问题:

① 试件中间颜色均匀,这代表什么含义?

② 试件两端有较为密集的条纹,这又代表什么含义?

③ 试件两端的颜色非均匀区的轴向尺寸与试件高度之比大概有多少? 这说明什么问题?

2. 关于豁口试件的等差线分布

典型等差线结果如图 4.6 所示。请从 A、B 两点处的光弹条纹分布特征，说说 A、B 两点处的应力状态有何区别？

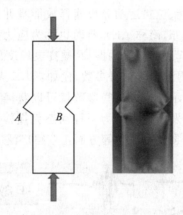

图 4.6 带豁口和毛刺试件的受压实验结果

3. 关于纯弯曲梁的等差线分布

典型等差线结果如图 4.7 所示。

图 4.7 纯弯曲梁的等差线分布

请思考以下问题：

① 纯弯曲段理论上处于什么样的应力状态？

② 为什么该段的等差线是等间距、与轴线同向的平行线？

③ 为什么试件的中心对称轴上是黑线？它反映了什么力学现象？

④ 上述结果能否验证梁的弯曲应力分布公式？

4.2 采用声发射技术测试材料的屈服应力

4.2.1 实验目的

① 通过实验，了解和掌握声发射技术的原理和应用，了解金属材料屈服的微观机制。

② 采用声发射技术监测低碳钢试件和黄铜试件在拉伸过程中的声发射信号,观察它们在声发射信号最强时刻对应的应力值,并与名义屈服应力对比,思考该方法。

4.2.2 实验原理

材料内部因为裂纹扩展、位错运动等快速释放能量并产生瞬态弹性波的现象称为声发射(Acoustic Emission,简称 AE),有时也称为应力波发射。该弹性波从试件内部传播到试件表面并引起表面轻微的振动,被高灵敏度压电陶瓷传感器捕捉,经过信号放大等处理后就可以得到诸多信号参数,比如:频率、幅值、能量以及单位时间内的信号数量等,如图 4.8 所示。通过这些参数就可以获得试件内部信号发射源的类型、位置等信息。工程上声发射技术作为一种动态无损检测技术,在高压储气罐/储油罐的缺陷检测、飞机疲劳裂纹的监测等方面正获得广泛应用。

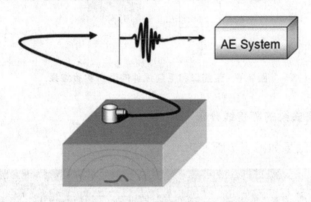

图 4.8 声发射监测技术的工作原理

材料的屈服应力是一个重要的强度性能指标,这一力学量的定义最初是基于有明显塑性流动现象的材料(如低碳钢),而对于无此现象的材料(如硬铝、黄铜等)往往是采用名义屈服应力(即 $\sigma_{0.2}$),这种定义只是一种工程经验或者习惯,实际上缺乏合理的科学依据。一般认为,屈服现象在微观上是一种位错运动,一种能量的突然释放,已经有发现证明低碳钢材料在拉伸屈服时有声发射信号产生,也就是说,位错运动也是一种声发射源,理论上可以采用声发射技术监测金属材料的屈服。针对这一问题,本实验采用具有明显塑性流动性的 Q245 钢以及没有明显的塑性流动性的黄铜试件,研究它们在拉伸变形过程中的声发射信号强度及其与应力的关系。

下面是常用的声发射信号参数及其物理含义:

① 声发射事件:一个声波信号带给传感器的一个完整振荡波形称为一个声发射事件,声发射事件历程通常在 $0.01 \sim 100 \ \mu s$。单位时间内的声发射事件数量成为计数率,它反映试件内部信号源的活跃度。

② 声发射信号幅值:一个完整的 AE 振荡波形中的最大幅值称为声发射振幅值。该幅值反映了声发射事件释放能量的大小。

③ 声发射信号的能量:试件-声波信号曲线包络线所围成的面积。该项参数对门槛、信号频率和传播特性不敏感,反映了事件的相对强度。

4.2.3　实验设备和试件

1. 实验设备

① 微机控制万能试验机;
② 声发射设备及相应的探头。
实验采用美国物理声学公司(PAC)的 PCI-2 型声发射系统,如图 4.9 所示。

2. 试　件

将低碳钢(Q235)和黄铜(H62)分别制成标准的拉伸试件,如图 4.10 所示(单位为 mm)。

图 4.9　实验所用声发射系统

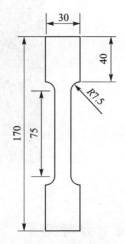

图 4.10　试件图

4.2.4　实验步骤

① 将图 4.10 所示的试件安装在微机控制 WDW100 拉伸试验机上,将声发射探头通过柔软的(绝缘或医用)胶带绑在试件的测试段上;由于每种探头的工作频率范围有所差别,为了尽可能地减少信息遗漏,每个试件在试验过程中采用 2 个通道采集不同探头的发射信号;图 4.11 所示为待测试件及绑定在试件上的两个声发射探头。

② 设置合适的设备参数。建议参数如下:拉伸机加载速度 1 mm/min,声发射统一设置参数前置放大器增益 40 dB,带通滤波 1 kHz～3 MHz,PDT、HDT、HLT分别为 300、600、1 000。通道 1 采用 R15a SNBF82 探头(操作频率 50～200 kHz,谐

振频率 75～150 kHz），门槛值设为 32 dB；通道 2 采用 Wsa SNAC66 探头（操作频率100～1 000 kHz，谐振频率 125～650 kHz），门槛值设为 32 dB（Q235）和 40 dB（黄铜）。

　　③ 采用凡士林作为耦合剂，将声发射探头与试件紧密接触，采用橡皮筋或医用胶带将探头与试件固定在试件上面，如图 4.11 所示。

　　④ 将试验机力传感器的输出作为声发射设备的外参信号接入，将力信号与声发射信号关联起来。如果无法做到这点，至少两个设备要同步启动，通过时间参数将数据关联。

　　⑤ 启动两台设备采集信号，将试件应力信号与声发射信号关联起来，观察数据变化规律。

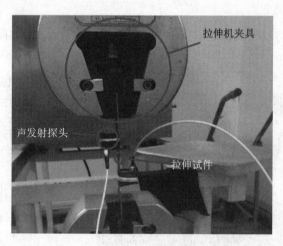

图 4.11　拉伸-声发射监测

4.2.5　参考结果

　　低碳钢（Q235）的实验结果如图 4.12 所示，可以看出在试件刚出现屈服或者塑性流动的时候，恰好声发射（能量）信号出现第 1 个高峰值。而在硬化阶段的开始时刻出现了第 2 个高峰值。

　　黄铜（H62）试件的实验结果如图 4.13 所示，可以看出黄铜材料在拉伸变形过程中没有明显的塑性流动，其屈服极限应按照名义屈服应力的定义加以确定。但我们可以看到，该试件由线弹性阶段向硬化阶段过渡的过程中出现了一个声发射信号的尖峰。经计算，声发射尖峰信号对应的应力为 193 MPa，而黄铜名义屈服极限为240 MPa。两者虽有一定的差距，但通过声发射技术确定的屈服应力科学性更强。

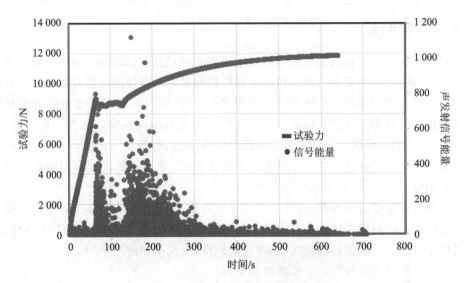

图 4.12　低碳钢（Q235）的声发射实验结果

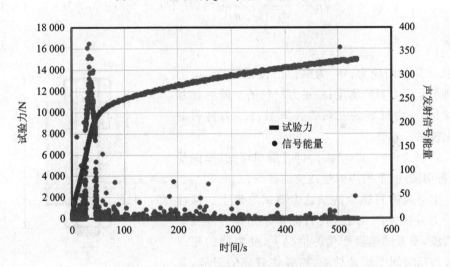

图 4.13　黄铜（H62）的声发射实验结果

4.3　声弹性法测量螺栓的预紧力

4.3.1　实验目的

① 了解声弹性的概念及其在应力测试方面的应用；

② 掌握数据匹配的相关性算法；

③ 掌握超声设备和示波器的使用方法。

4.3.2 实验原理

螺栓是应用于工业现场的最常见的连接件之一,它们起着紧固、强化和密封等作用,易装易卸,并且承载能力强。而施于螺栓的预紧力与其使用性能有着至关重要的关系。预紧力过大或者过小皆无法保证连接强度与质量,只有预紧力合适的螺栓才会在服役中持续发挥作用。目前投入实际应用的检测螺栓预紧力的方法主要有:扭矩法、转角法和拉伸法。这些方法从原理上存在不足,检测精度不高。最近 10 年来发展成熟的声弹性方法已经用于螺栓的预紧力测试,并且在测试效率和精度方面有较大的优势。

声弹性方法进行应力测试,是基于声弹性效应:声波在受力物体中的传播速度不仅与材料的二阶弹性常数和密度有关,还与材料三阶弹性常数和应力的大小有关。为了原理叙述简单起见,我们假设试件各向同性,仅受单向应力作用。

纵波在单向受力的物体中传播的关系为

$$\rho_0 V_L^2 = \lambda + 2\mu + \frac{\sigma}{3K_0}\left[\frac{\lambda + \mu}{\mu}(4\lambda + 10\mu + 4m) + \lambda + 2l\right] \quad (4.3.1)$$

$$K_0 = \lambda + \frac{2}{3}\mu \quad (4.3.2)$$

式中:σ 为单向应力;V_L 为纵波的传播速度;ρ_0 为材料不受应力时的密度;λ、μ 为材料的二阶弹性常数;l、m、n 为材料的三阶弹性常数;K_0 为材料的体积模量。

式(4.3.1)和式(4.3.2)即是简单情况(单向受力、各向同性)下的声弹性效应的体现。

下面具体到螺栓的预紧力测试原理上。螺栓的受力分析见图 4.14:我们将其分为受力段和非受力段,不考虑温度变化的情况下,受力段的超声纵波传播时间受螺栓伸长、声弹性效应的影响,非受力段的超声波传播时间不受影响。

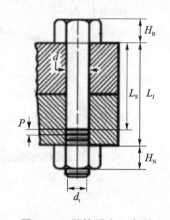

图 4.14　螺栓受力示意图

有效受力长度(有效夹紧长度)L_e 计算公式为

$$L_e = \left(\frac{d_t}{d}\right)^2\left(L_S + \frac{H_B}{2}\right) + L_J - L_S + \frac{H_N}{2} \quad (4.3.3)$$

式中:d 为螺栓公称直径;d_t 为螺纹小径;L_S 为光杆长度;L_J 为夹紧长度;H_B 为螺栓头部厚度;H_N 为螺母厚度。

根据胡克定律,在拉伸应力 σ 作用下,螺栓受力部分的轴向伸长量 ΔL 为

$$\Delta L = \frac{\sigma}{E}L_e \quad (4.3.4)$$

式中:E 为弹性模量。

由式(4.3.1)易知,当螺栓不受力,即 $\sigma=0$ 时,纵波的传播速度为

$$V_{L_0} = \sqrt{\frac{\lambda + 2\mu}{\rho_0}} \qquad (4.3.5)$$

将式(4.3.5)代入式(4.3.1),整理得到纵波的传播速度与应力 σ 关系式为

$$V_{L_\sigma}^2 = V_{L_0}^2 (1 - A_L \sigma) \qquad (4.3.6)$$

式中:

$$A_L = \frac{\dfrac{3\lambda + 10\mu + 4m - 2l}{\lambda + 2\mu} - \dfrac{4\lambda + 10\mu + 4m}{\mu}}{3\lambda + 2\mu} \qquad (4.3.7)$$

对式(4.3.6)两侧同时取微分,得到

$$2V_{L_\sigma} dV_{L_\sigma} = -A_L V_{L_0}^2 d\sigma \qquad (4.3.8)$$

由于声弹性效应为弱效应,超声波传播的速度改变量与初始速度的比值约在 10^{-3} 量级,可近似认为 V_{L_σ}/V_{L_0} 值为1,由此式(4.3.8)可化简为

$$dV_{L_\sigma} = -A_L V_{L_0} d\sigma \qquad (4.3.9)$$

式中:$A_L = A_L'/2$。

再对式(4.3.9)两侧同时取积分,得到

$$V_{L_\sigma} = V_{L_0}(1 - A_L \sigma) \qquad (4.3.10)$$

式中:A_L 为纵波声弹性常数。

一般情况下,纵波声弹性常数 A_L 为正数。由式(4.3.10)可见,当螺栓受拉时(即应力为正时),纵波传播速度变小,且声速与应力之间为线性关系。

对于一个在室温下全长为 L 的螺栓而言,未受力时,纵波沿其轴向(来回)传播时间 t_{L_0} 为

$$t_{L_0} = \frac{2L}{V_{L_0}} \qquad (4.3.11)$$

当螺栓轴向受力时,纵波沿其轴向来回传播时间 t_L 为

$$t_L = \frac{2L_e'}{V_{L_\sigma}} = \frac{2L_e\left(1 + \dfrac{\sigma}{E}\right)}{V_{L_0}(1 - A_L \sigma)} + \frac{2L_0}{V_{L_0}} \qquad (4.3.12)$$

式中:$L_0 = L - L_e$。

对于普通材料,纵波声弹性常数 A_L 在 $10 \sim 11$ 量级,而应力 σ 的选取又需考虑到螺栓的屈服极限,一般小于 10^9 Pa,因此可认为 $A_L \sigma \ll 1$。基于此,将式(4.3.12)化简整理,得到螺栓轴向有应力与无应力状态下纵波轴向传播的时间差(以下简称纵波声时差)的表达式:

$$t_{L_\sigma} - t_{L_0} = t_{L_0} \frac{L_e(E^{-1} + A_L)\sigma}{L} \qquad (4.3.13)$$

移项后,得到

$$\sigma = \frac{L}{L_e} \frac{t_{L_\sigma} - t_{L_0}}{(E^{-1} + A_L) t_{L_0}} \qquad (4.3.14)$$

由于 L、E、A_L、t_{L_0} 皆为常数,因此可将式(4.3.14)简化表达为

$$\sigma = K_L \Delta t_L \qquad (4.3.15)$$

式中:$\Delta t_L = (t_{L_\sigma} - t_{L_0})$,$K_L = K'_L / L_e$,$K'_L = L / [(E^{-1} + A_L) t_{L_0}]$。

最后,检测螺栓预紧力,需要用到螺栓的有效受力面积,规定如下:

$$A_e = \frac{\pi}{4} \left(d - \frac{0.974\,3}{n} \right)^2 \qquad (4.3.16)$$

$$n = \frac{1}{P} \qquad (4.3.17)$$

式中:d 为螺栓公称直径;P 为螺距。

最终得到螺栓预紧力与纵波声时差的线性关系式为

$$F = K_L A_e \Delta t_L \qquad (4.3.18)$$

系数 K_L 通过标定即可获得。

在上述测试原理中,螺栓在有/无应力状态下声波传播的时间差是个关键参数,它直接关系到测试精度。

螺栓 2 种载荷状态下的声波-时间曲线如图 4.15(a)所示,可以看出 2 组信号的幅值不同,存在时间差,但具有相同的周期。采用互相关方法可以充分利用全部数据并获得较高精度的时间差。

对于 2 组连续的周期性随机信号 $x(t)$ 和 $y(t)$,其互相关函数 R_{xy} 定义为

$$R_{xy}(\tau) = \lim_{T \to \infty} \frac{1}{T} \int_{-T/2}^{T/2} x(t) y(t - \tau) \mathrm{d}t \qquad (4.3.19)$$

初始时刻 t 为零,且信号为周期性的,因此可将积分上下限由 $T/2$ 和 $-T/2$ 改为 0 和 T,得到

$$R_{xy}(\tau) = \lim_{T \to \infty} \frac{1}{T} \int_0^T x(t) y(t - \tau) \mathrm{d}t \qquad (4.3.20)$$

式中:T 为信号总时长;τ 为时延量。

对于两组离散的周期性随机信号 $x(n)$ 和 $y(n)$,其互相关函数 R_{xy} 定义为

$$R_{xy}(m) = \lim_{N \to \infty} \frac{1}{2N + 1} \sum_{-N}^{N} x(n) y(n - m) \qquad (4.3.21)$$

式中:N 为总采集点数;m 为间隔点数。

根据互相关函数的性质,当 $t = \tau$ 或 $n = m$ 时,互相关函数值最大。那么在互相关函数曲线上的峰值点所对应的横坐标数值即为信号 $x(t)$ 和 $y(t)$ 之间的声时差,或信号 $x(n)$ 和 $y(n)$ 之间的间隔点数。

对图 4.15(a)所示的两组信号进行离散的互相关运算,得到图 4.15(b)所示的互相关函数曲线,取其最高函数值所对应的 m 值,即可得到两组曲线之间的时间差为

110 个采样间隔，即 44 ns。

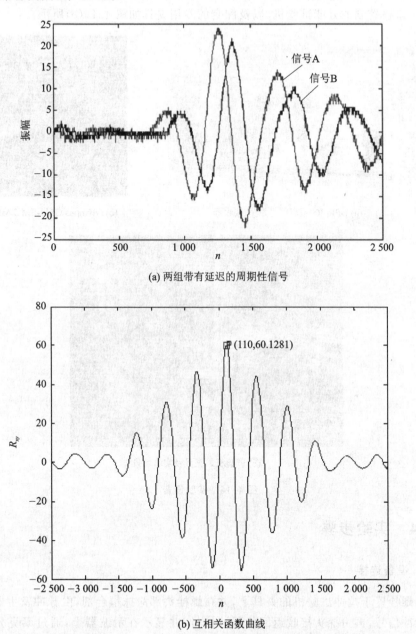

(a) 两组带有延迟的周期性信号

(b) 互相关函数曲线

图 4.15　两组声波信号及其时间延迟量的互相关算法确定

4.3.3　实验设备

① 超声脉冲发射/接受器 DPR300 如图 4.16(a)所示，配套的 Olympus C543 -

SM 5 MHz 纵波探头(换能器)如图 4.16(b)所示,以及耦合剂;

　　② 微机控制的万能试验机,以及配套的专用夹具如图 4.16(c)所示。

　　　(a) DPR 300超声信号发生/接收器　　　　　　(b) Olympus C543-SM 5 MHz探头

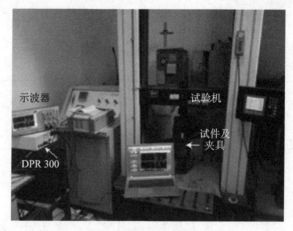

(c) 试验机、夹具及实验场景

图 4.16　实验设备

4.3.4　实验步骤

1. 设备连接

　　将螺栓置于拉伸试验机的夹具上,并在螺栓头部涂抹耦合剂,由脉冲发生器发出纵波脉冲信号,再由探头接收返回的回波信号,并显示在示波器上,通过泰克公司的 OpenChoice 将示波器画面实时显示在 PC 端,方便获取有效数据以进行下一步的数据处理。测试设备之间的连接示意图如图 4.17 所示。

2. 参数标定,确定式(4.3.18)中的 K_L

　　对于工程上待测的螺栓预紧力,找到同型号的螺栓并在实验室进行标定,确定参

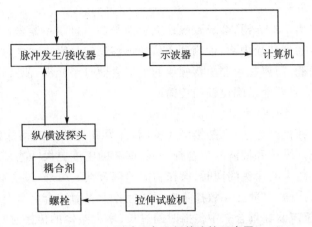

图 4.17　测试设备之间的连接示意图

数 K_L。过程如下：

① 采用特制夹具，对螺栓进行分级加载。

② 在每级载荷下，将超声纵波探头通过耦合剂置于螺栓正中心的位置，并施加适当的压力，直到声波信号稳定为止。

③ 采用互相关算法，获取各级载荷下的声波信号与零载荷下的声波信号之间的时间延迟量 t，为了减少误差，每级载荷下可以多采集几次数据，求得时间延迟量 t 的平均值，获取系列(F_i, t_i)值。

④ 采用式(4.3.18)拟合上述数据(F_i, t_i)，获得参数 K_L。

3. 实　测

采用相同的设备和参数设置，获取待测螺栓的声波-时间曲线，同时将其与同型号/规格的螺栓在标定时的零载荷声波-时间曲线对比，通过互相关运算获得两者的时间延迟量 t。代入式(4.3.18)，即可获得待测螺栓的预紧力。

4.3.5　实验数据处理与参考结果

1. 误差因素

本实验的误差因素包括以下几个方面，在进行实验时需加以注意，同时试验中也可以观察体会一下。

（1）温度的影响

温度的变化会导致螺栓的热胀冷缩以及材料常数的变化。因此，在实验室条件下应尽量保证环境温度不变，对于室外用于高处或严寒环境下的检测，应由温度补偿实验给出温度影响因子，来减小温度变量对检测精度的影响。

（2）螺栓表面的影响

若螺栓上表面不够光滑，会导致螺栓上表面与探头接触不紧密，超声波能量无法有效地从探头传播到螺栓内部，检测到的信号不够稳定且噪声增强，严重时还会损坏超声换能器。因此，需要在检测前将螺栓的上下表面打磨光滑，使其皆垂直于螺栓轴向，保证超声波能有效地沿螺栓轴向传播。

（3）超声耦合剂的影响

无论是哪一种检测方法，都是接触式检测，需要在螺栓上表面涂抹耦合剂，减少声波能量的损失。纵波和横波的耦合剂不同，横波的密度更大一些，因此在检测过程中要注意在更换超声波探头的同时，涂抹相应的耦合剂。另外，耦合剂涂层的厚度也会影响超声波的传播，过薄会导致探头表面与螺栓上表面结合不紧密，导致声能的损失；过厚会导致超声波在耦合剂中传播时间过长，增大整体的传播时间。因此在检测过程中要均匀地涂抹适量的耦合剂，并尽量保证每次检测的用量一致。

（4）超声换能器的影响

超声换能器的压电晶片尺寸不宜过大也不宜过小，原则上应选取使超声波传播声束覆盖范围小于螺栓横截面积的超声换能器，过大会导致检测值偏低。另外，应选取中心频率较高的超声换能器，频率越高，声能越集中。但是过高也会使能量衰减严重。对于金属材料，频率在 200 kHz～5 MHz 为宜。

（5）始波偏移时间的影响

示波器上显示的始波距中心的偏移以 μs 为单位，精确到小数点后两位。而本文所采用的采样点之间的时间间隔为 0.4 ns，一般来讲，整个检测范围内，声时差的变化范围在 400 ns 以内。由此看来始波偏移时间对检测精度有着很大影响。在实际检测中，应等待至波形稳定不再沿 X 轴移动时再读取当时的始波偏移时间。

2. 互相关运算的 MATLAB 程序

```
A = xlsread('C:\Users\Administrator\Desktop\sheer\0.csv','0','e1:e2500');
B = xlsread('C:\Users\Administrator\Desktop\sheer\100.csv','100','e1:e2500');
[r,lags] = xcorr(B,A,'unbiased');
plot(lags,r)
[rmax,I] = max(r);
hold on %禁止刷新图形，以便继续绘制标记点
plot(lags(I),r(I),'rs','MarkerSize',6)    %绘制最小值点，样式为红色正方形，大小为6
str = ['P(' num2str(lags(I)) ',' num2str(r(I)) ')'];
text(lags(I),r(I),str) %在(x(t),y(t))坐标处放置文字说明
```

下面以 304 不锈钢 M10 螺栓为例，说明标定实验过程，标定实验从 100 MPa 至 300 MPa，步长为 20 MPa，取 11 组采样点，如表 4.1 所列。它的公称直径为 10 mm，螺纹距为 1.5 mm。有效受力面积按式（4.3.18）计算，得到它的有效受力面积为 0.572 6 cm^2。

表 4.1　304 不锈钢 M10 螺栓标定实验的纵波声时差

应力/MPa	纵波声时差 1 （延迟采样点数）	纵波声时差 2 （延迟采样点数）	纵波声时差 3 （延迟采样点数）	纵波声时差 （延迟采样点数）
100	99	105	101	102
120	130	122	125	126
140	145	144	158	149
160	175	173	169	172
180	180	195	191	189
200	223	214	220	219
220	241	236	235	237
240	256	267	251	258
260	280	271	270	274
280	307	291	313	304
300	324	340	326	330

标定实验的采样点选取情况如下所示。

对上述数据采用比例函数进行拟合，得到的结果如图 4.18 所示，以此结果可以得到参数 K_L。

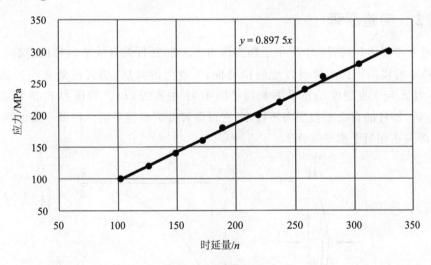

图 4.18　线性拟合图

换 1 根同型号/同规格的 304 不锈钢 M10 螺栓加载，采用声弹性法对其预紧力进行测试，并将测试结果与实际载荷值进行对比，考察该方法的误差，结果如表 4.2 所列。可以看出误差在 3% 以内。

表 4.2　304 不锈钢 M10 螺栓的声弹性法应力检测结果

应力/MPa	单纵波法检测应力检测值	单纵波法相对误差/%
200	195.94	−2.029 3
250	251.59	0.634 6
300	300.95	0.316 3
350	354.80	1.371 1
400	406.85	1.713 5

得到单纵波法的标定曲线如图 4.18 所示,其线性程度良好。

4.4　压杆临界载荷测定实验

4.4.1　实验目的

① 观察两端铰支细长压杆在加载过程中失稳的现象;

② 观察一端铰支一端固支细长压杆在加载过程中失稳的现象;

③ 用实验方法测定两端铰支、一端铰支一端固支细长压杆的临界载荷,并与理论值进行比较,以验证临界载荷公式。

4.4.2　实验原理

对于理想压杆,当压力 F 小于临界压力 F_{cr} 时,压杆的直线平衡是稳定的。即使因为微小的横向干扰力暂时发生轻微弯曲,干扰力解除后,仍将恢复直线形状。这时,压力 F 与中点挠度 w 的关系相当于图 4.19 中直线 OA。当压力 F 达到临界压力 F_{cr} 时,压杆的直线平衡变为不稳定,它可能转变为曲线平衡。按照小挠度理论,F 与 w 的关系相当于水平线 AB。

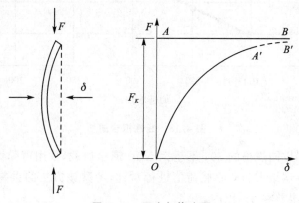

图 4.19　压力与挠度图

两端铰支细长压杆的临界压力由欧拉公式计算,计算公式为

$$F_{cr} = \frac{\pi^2 EI}{l^2} \tag{4.4.1}$$

一端铰支一端固支细长压杆的临界压力由欧拉公式计算,计算公式为

$$F_{cr} = \frac{\pi^2 EI}{(0.7l)^2} \tag{4.4.2}$$

式中:I 为横截面对 Z 轴惯性矩;E 为压杆材料的弹性模量;l 为压杆的长度。

两端铰支和一端铰支一端固支示意图如图 4.20 所示。

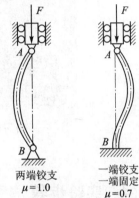

图 4.20　两端铰支和一端铰支一端固支示意图

对于实际情况下的压杆,由于有初弯曲、材料不均匀和压力偏心等因素的存在,当 F 远小于 F_{cr} 时,压杆就已经出现弯曲,处于曲线平衡的状态,故试件不存在理论意义上的失稳现象和临界载荷。在加载过程的初期,挠度 w 很不明显且增长缓慢,如图 4.19 中 $OA'B'$ 曲线所示。随着 F 逐渐接近 F_{cr},w 显著增大。工程中压杆一般都要求在小挠度下工作,因为 w 的急剧增大将引起塑性变形甚至破坏。只有弹性很好的细长杆才能经受大挠度变形,所承受的压力能略微超过 F_{cr}。

压杆稳定性实验的难点在于:首先是很难找到理想(笔直、均质、高弹性)的试件。试件在加载之初就是曲线平衡,不存在理论意义上的失稳现象和临界载荷;其次,理想约束(特别是固定端约束)不易实现。因此,根据实验曲线来判定临界载荷的标准不十分精确,而且得到的临界载荷实验值与理论值容易有较大的偏差。

4.4.3　实验设备和试件

1. 实验设备

① 压杆稳定装置;
② 数字应变仪;
③ 大量程百分表及支架;
④ 游标卡尺、卷尺;
⑤ V 形夹具。

2. 试　件

压杆试件为由弹簧钢制成的细长杆,截面为矩形,两端加工成带有小圆弧的刀刃。在试样中点的左右两侧沿轴线各贴一枚应变片。

压杆变形时两端可绕 Z 轴转动,故可作为铰支座。压杆受力模型如图 4.21 所示。

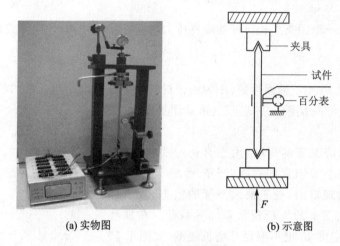

(a) 实物图　　　　　　　　(b) 示意图

图 4.21　压杆稳定装置

4.4.4　实验步骤

对于两端铰支压杆实验,实验步骤如下:

① 用卷尺测量试样长度,用游标尺测量试样上中下三处的宽度和厚度,取其平均值用于计算横截面的 I。

② 保证压力作用线与试样轴线重合,应使 V 形支座的 V 形槽底线对准试验机支承的中心。在试样中两侧装百分表,调节起始读数为零。

③ 将应变仪预调平衡,把试样上的两枚应变片作为 R_1、R_2,按半桥接线接入应变仪。

④ 加载前,用欧拉公式求出压杆临界压力 F_{cr} 的理论值。进行加载时,要求分级加载荷,记录 F 值和应变值 ε,在 F 远小于 F_{cr} 时,分级可以粗些;注意在载荷超过 F_{cr} 的 80% 之后要取较小的载荷增量,直到 w 出现明显的增大为止。加载的过程中要始终保持均匀、平稳、缓慢。为防止压杆发生塑性变形,要密切注意应变仪读数,实验中要控制弯曲应力小于材料名义屈服极限。

⑤ 一端铰支、一端固支压杆实验步骤与两端为铰支座时大致相同。将压杆一段安装铰支撑,另一端安装固定支撑。观察这种支座约束对于压杆稳定性影响。

4.4.5　实验数据处理与参考结果

实验数据处理如下:

① 将各类数据整理成表格,例如,两端铰支压杆的实验数据记录表如表 4.3 所列,并计算各测量值的平均值,包括百分表的数据均值、应变仪的数据均值(结果除

以 2)。

②　根据分级加载下的实验载荷、挠度、应变等数据,绘制 F-δ 曲线或 F-ε 曲线,确定两端铰支情况下的临界载荷。

③　根据两端铰支情况下临界压力计算公式,计算该情况下临界压力的理论值。

④　对两端铰支情况下实验测量值与理论值进行比较,计算相对误差并讨论误差的原因。

⑤　对一端铰支一端固支情况下实验数据做②～④同样的处理。

表 4.3　两端铰支压杆的实验数据记录表

两端铰支			
杆长度 $l=$ ___ mm			
垂直位移 $\Delta l(0.01\ \mathrm{mm})$	中点挠度 $\Delta w_{max}(0.1\ \mathrm{mm})$	应变值 $\varepsilon_F(10^{-6})$	加载载荷 F/N

实验数据参考结果如表 4.4 所列。

表 4.4　数据参考

两端铰支				一端铰支一端固支			
上压点铅垂位移 A_y/mm	中点水平位移 B_x/mm	第1测道用半桥测出2倍纯弯微应变 ε_M	加载载荷 F/N	上压点铅垂位移 A_y/mm	中点水平位移 B_x/mm	第1测道用半桥测出2倍纯弯微应变 ε_M	加载载荷 F/N
调 0	0	0	0	调 0	0	0	0
0.10	1.9	289	671	0.10	1.3	-53	1 139
0.15	3.3	460	702	0.15	2.3	-129	1 373
0.20	4.1	578	718	0.20	3.1	-199	1 544
0.25	5.1	698	732	0.25	3.9	-262	1 638

4.5　薄壁复合梁实验

4.5.1　实验目的

①　测量薄壁复合梁受纯弯曲作用时,梁横截面的应变和应力分布,并对所得实验结果进行分析讨论;

② 测量不同连接方式下梁横截面应变和应力分布,并对所得实验结果进行分析讨论;

③ 测量不同连接方式对梁承载能力,并对所得实验结果进行分析讨论。

4.5.2　实验原理

工程实际中多数梁结构由两种以上的材料构成,它们之间或自由或约束连接,与均匀材料的梁一样受力。对于自由连接的梁,两梁叠放在一起,界面之间加润滑剂,加载状态下两梁界面不能分离,这类梁称为叠梁。对于约束连接的梁,像铆接、楔块等连接方式,这类梁称为复合梁,这类梁在航空航天结构中更为常见。本实验就叠梁、复合梁正应力分布规律进行测定。

本实验的梁结构由钢板型材和铝合金薄壁型材组成,采用铆接、粘接加铆接、一侧开口和自由搭接 4 种方式连接。钢板型材和铝合金薄壁型材的弹性模量分别为 $E=210\,\text{GPa}$ 和 $E=70\,\text{GPa}$ 复合梁受力状态和应变片粘贴位置如图 4.22 所示,共 8 个应变片。

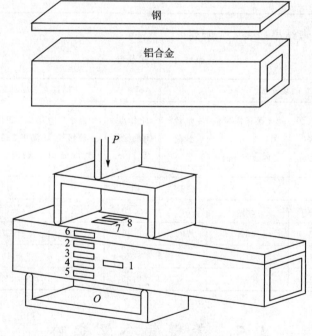

图 4.22　薄壁复合梁示意图

由材料力学可知,对于叠梁横截面弯矩:

$$M = M_1 + M_2 \tag{4.5.1}$$

$$\frac{1}{\rho} = \frac{M_1}{E_1 I_{Z1}} = \frac{M_2}{E_2 I_{Z2}} = \frac{M}{E_1 I_{Z1} + E_2 I_{Z2}} \tag{4.5.2}$$

式中：I_{Z1} 为叠梁 1 截面对 Z_1 的惯性矩；I_{Z2} 为叠梁 2 截面对 Z_2 的惯性矩。

因此，可得到叠梁 1 和叠梁 2 的正应力计算公式分别为

$$\sigma_1 = E_1 \frac{Y_1}{\rho} = \frac{E_1 M_1 Y_1}{E_1 I_{Z1} + E_2 I_{Z2}} \tag{4.5.3}$$

$$\sigma_2 = E_2 \frac{Y_2}{\rho} = \frac{E_2 M_2 Y_2}{E_1 I_{Z1} + E_2 I_{Z2}} \tag{4.5.4}$$

式中：Y_1 为叠梁 1 上测点距 Z_1 的距离；Y_2 为叠梁 2 上测点距 Z_2 的距离。

对复合梁，设 $E_2/E_1 = n$

$$\frac{1}{\rho} = \frac{M}{E_1 I_{Z1} + E_2 I_{Z2}} \tag{4.5.5}$$

式中：I_{Z1} 为梁 1 截面对中性 Z 的惯性矩；I_{Z2} 为梁 2 截面对中性 Z 的惯性矩。

中性轴位置的偏移量为

$$e = \frac{h(n-1)}{2(n+1)} \tag{4.5.6}$$

因此，可得到复合梁 1 和复合梁 2 正应力计算公式分别为

$$\sigma_1 = E_1 \frac{Y}{\rho} = \frac{E_1 MY}{E_1 I_{Z1} + E_2 I_{Z2}} \tag{4.5.7}$$

$$\sigma_2 = E_2 \frac{Y}{\rho} = \frac{E_2 MY}{E_1 I_{Z1} + E_2 I_{Z2}} \tag{4.5.8}$$

在复合梁的纯弯曲段内，沿复合梁的横截面高度已粘贴一组应变片。当梁受载后，可由应变仪测出每片应变片的应变，即得到实测的沿叠梁或复合梁横截面高度的应变分布规律，由单向应力状态的胡克公式 $\sigma = E\varepsilon$，可求出应力实验值。应力实验值与应力理论值进行比较，以验证复合梁的正应力计算公式。

4.5.3　实验设备和试件

1. 实验设备

① 电子万能试验机；
② 静态电阻应变仪；
③ 数显卡尺；
④ 百分表/千分表。

2. 试　件

铆接、粘接加铆接、一侧开口、自由搭接 4 种连接方式的薄壁复合梁如图 4.23 所示。

(a) 铆　接

(b) 粘接加铆接

(c) 一侧开口

(d) 自由搭接

图 4.23　薄壁复合梁的不同连接方式

4.5.4　实验步骤

① 测量试件及结构尺寸,薄壁复合梁结构截面图如图 4.24 所示,绘制实验记录表格如表 4.5 和表 4.6 所列。

② 试验机准备、试件安装和仪器调整。

③ 确定组桥方式、接线和设置应变仪参数。

④ 进行实验:

（a）采用逐级加载法,取初始载荷 $P_0 = 1$ kN,$P_{max} = 8$ kN,$\Delta P = 1$ kN,共分 7 次加载;

（b）加载初始载荷 1 kN,将各通道初始应变均置 0;

（c）逐级加载,记录各级载荷作用下应变片的读数应变。

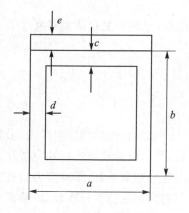
图 4.24　薄壁梁结构截面图

⑤ 依次对铆接、粘接加铆接、一侧开口、自由搭接 4 种连接方式的薄壁梁进行实验,记录实验数据。

⑥ 整理各种仪器设备,结束实验。

表 4.5　记录表

复合梁搭接方式		初始载荷 P_0/kN			载荷增量 ΔP/kN		
百分表读数	加载次数						
	0(初)	1	2	3	4	5	6	7
应变片处								
力加载处								

表 4.6　应变测量记录表

复合梁搭接方式		初始载荷 P_0/kN			载荷增量 ΔP/kN		
通　道		加载次数					
	1	2	3	4	5	6	7
1							
2							
3							
4							
5							
6							
7							
8							

4.5.5　实验数据处理与参考结果

实验数据处理如下：

① 根据测量的尺寸计算钢板和薄壁铝梁的惯性矩。

② 根据测量结果计算铆接连接方式下复合梁上各点的平均应变,求出实验应力;根据理论公式计算各点的应力的理论值,并与实验值比较,计算误差。

③ 根据测量结果计算粘接加铆接连接方式下复合梁上各点的平均应变,求出实验应力;根据理论公式计算各点的应力的理论值,并与实验值比较,计算误差。

④ 根据测量结果计算一侧开口连接方式下复合梁上各点的平均应变,求出实验应力;根据理论公式计算各点的应力的理论值,并与实验值比较,计算误差。

⑤ 根据测量结果计算自由搭接连接方式下复合梁上各点的平均应变,求出实验应力;根据理论公式计算各点的应力的理论值,并与实验值比较,计算误差。

⑥ 将 4 种连接方式下各点应力的实验值与理论值沿高度方向的分布分别绘成曲线,并对两者进行比较,分析误差的原因。

⑦ 比较 4 种连接方式下梁结构的承载能力,解释哪种连接方式的承载能力高,并解释原因。

4.6　复合材料单层板拉伸力学性能实验

4.6.1　实验目的

① 掌握复合材料弹性常数测试方法;

② 测定复合材料弹性常数 E_1、E_2、μ_{21}、μ_{12} 和 G_{12}；

③ 认识复合材料各向异性的特点；

④ 学习复合材料在不同纤维铺层方向和不同加载方向的力学性能。

4.6.2　实验原理

　　复合材料是由 2 种或多种不同性质的材料用物理和化学方法在宏观尺度上组成的具有新性能的材料。与金属材料不同，复合材料为各向异性材料。为测定复合材料弹性常数，将被测材料加工成标准的拉伸板试件，试件两端粘贴金属铝片或玻璃钢片作为加强片。在试件中部正反两面对应位置沿 0°、90° 和 ±45° 3 个方向粘贴应变片，如图 4.25 所示。

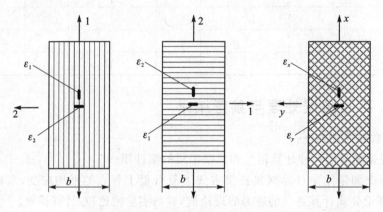

图 4.25　复合材料拉伸试件贴片布置图

　　采用单向静态拉伸实验测试单层复合材料力学性能。实验表明，单层复合材料在纵向横向和 ±45° 3 种情况下的拉伸实验，其应力-应变曲线关系在一定范围内呈线性关系；利用应力-应变这种线性（或近似线性）关系就可以在给定应力 σ 的前提下测出相对线应变 ε，从而测出单层复合材料 4 个弹性常数。

　　纤维增强复合材料如图 4.26 所示，轴 1 沿纤维纵向，轴 2 沿纤维横向，轴 3 与轴 1、轴 2 构成直角坐标系。轴 1、轴 2 和轴 3 称为材料的主轴。

　　当正应力 σ_1 沿 1 方向单独作用时材料沿主轴 1 和 2 的方向的正应变分别为

$$\varepsilon_1' = \frac{\sigma_1}{E_1} \tag{4.6.1}$$

$$\varepsilon_2' = -\frac{\mu_{12}\sigma_2}{E_2} \tag{4.6.2}$$

　　当正应力 σ_2 沿 2 方向单独作用时，材料沿上述主轴的正应变分别为

$$\varepsilon_1'' = -\frac{\mu_{21}\sigma_1}{E_1} \tag{4.6.3}$$

$$\varepsilon_2'' = \frac{\sigma_2}{E_2} \tag{4.6.4}$$

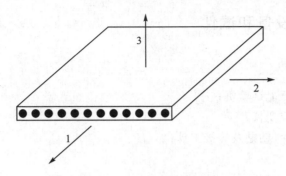

图 4.26　纤维增强复合材料

当正应力 σ_1 和 σ_2 同时作用时,由叠加原理可知,材料沿主轴 1 和 2 的正应变分别为

$$\varepsilon_1 = \frac{\sigma_1}{E_1} - \frac{\mu_{21}\sigma_2}{E_2} \tag{4.6.5}$$

$$\varepsilon_2 = \frac{\sigma_2}{E_2} - \frac{\mu_{12}\sigma_1}{E_1} \tag{4.6.6}$$

当切应力 τ_{12} 作用时,材料发生切应变 γ_{12},在线性范围内,切应变与切应力成正比,即

$$\gamma_{12} = \frac{\tau_{12}}{G_{12}} \tag{4.6.7}$$

式中:G_{12} 为复合材料的纵向切变模量。

按以下公式计算单向增强复合材料的弹性常数:

0°试件(顺纤维方向),沿纵向拉伸:

$$E_1 = \frac{\sigma_1}{\varepsilon_1} \tag{4.6.8}$$

$$\mu_{21} = -\frac{\varepsilon_2}{\varepsilon_1} \tag{4.6.9}$$

90°试件(垂直于纤维方向):

$$E_2 = \frac{\sigma_2}{\varepsilon_2} \tag{4.6.10}$$

$$\mu_{12} = -\frac{\varepsilon_1}{\varepsilon_2} \tag{4.6.11}$$

±45°试件(偏 45°方向):直接测定剪切模量 G_{12} 需要较复杂的实验装置。使用对称层的(±45°)试件作单向拉伸实验,假定试件的纵向为 x,横向为 y,测出试件纵向有效应力 σ_x、纵向应变 ε_x 和横向应变 ε_y,那么材料主轴方向的切变模量为

$$G_{12} = \frac{\sigma_{45°}}{2(\varepsilon_x - \varepsilon_y)} \tag{4.6.12}$$

4.6.3　实验设备和试件

1. 实验设备

① 微控电子万能试验机；
② 静态电阻应变仪；
③ 电阻应变片,粘贴及焊接工具；
④ 数显卡尺。

2. 试　件

0°、90°和±45° 3 个方向的试件如图 4.27 所示。

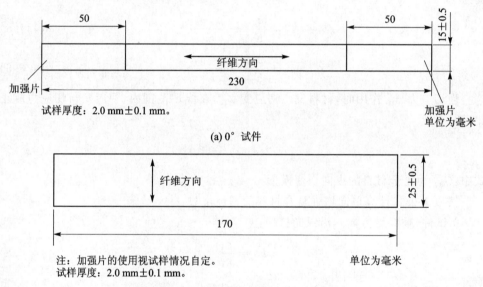

试样厚度：2.0 mm±0.1 mm。

(a) 0° 试件

注：加强片的使用视试样情况自定。
试样厚度：2.0 mm±0.1 mm。

(b) 90° 试件

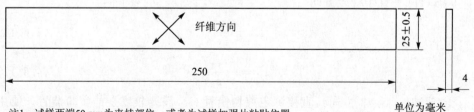

注1：试样两端50 mm为夹持部位,或者为试样加强片粘贴位置。
注2：加强片的使用视试样情况自定。

(c) ±45° 试件

图 4.27　复合材料试件图

4.6.4　实验步骤

① 测量试件尺寸。

② 在试件 2 个表面,分别沿横向和纵向粘贴电阻应变片,应变片粘贴及试件夹持如图 4.28 和图 4.29 所示。

图 4.28　应变片粘贴图

图 4.29　试件夹持图

③ 对于 0°和 90°铺层试件,采用 1/4 桥;对于±45°铺层采用半桥实验方式把要测的电阻应变片和温度补偿片接在静态应变仪的接线柱上。

④ 根据材料的比例极限 σ_p 估算出相应的 P_p,试验最大载荷不超过 P_p。

⑤ 实验时先对试件预加载荷 P_0 用以消除连接间隙等初始因素的影响,记录电阻应变仪的读数,然后卸至初载,调整设备零点。实验采用分级加载,分级递增相等的载荷 ΔP,每级加载后记录应变仪上的读数。测量应变范围应包含在应力-应变曲线的低应变部分,对于破坏低于 6 000 微应变的材料,建议使用的应变范围为极限应变的 25%～50%。

⑥ 依次做 0°、90°、±45°试件,测试数据分别填在相应的试验记录表中。

⑦ 根据相应的公式计算 E_1、μ_{12}、E_2、μ_{21} 和 G_{12}。

4.6.5 实验数据处理与参考结果

1. 0°试件数据记录及数据处理

记录所测得 n 级实验数据,包括载荷 P_i、轴向应变 ε_{xi} 和横向应变 ε_{yi} 以及试件破坏时的最大载荷 P_{max}。要计算拉伸模量,首先需要按照下式计算所需数据点 i 处的拉伸应力:

$$\sigma_i = P_i/A \tag{4.6.13}$$

计算得到弹性模量为

$$E_1 = \Delta\sigma/\Delta\varepsilon_x \tag{4.6.14}$$

泊松比为

$$\nu_{12} = -\varepsilon_y/\varepsilon_x \tag{4.6.15}$$

拉伸强度计算公式为

$$\sigma_{1b} = P_{max}/A \tag{4.6.16}$$

2. 90°试件数据记录及数据处理

记录所测得 n 级实验数据,包括载荷 P_i、轴向应变 ε_{xi} 以及试件破坏时的最大载荷 P_{max}。

计算得到弹性模量为

$$E_2 = \Delta\sigma/\Delta\varepsilon_x \tag{4.6.17}$$

拉伸强度计算公式为

$$\sigma_{2b} = P_{max}/A \tag{4.6.18}$$

3. ±45°试件数据记录及数据处理

记录所测得 n 级实验数据,包括载荷 P_i、轴向应变 ε_{xi} 和横向应变 ε_{yi} 以及试件破坏时的最大载荷 P_{max}。

$$\tau_{12i} = P_i/(2A) \tag{4.6.19}$$
$$\gamma_{12i} = \varepsilon_{xi} - \varepsilon_{yi} \tag{4.6.20}$$

计算得到切变模量为

$$G_{12} = \Delta\tau_{12}/\Delta\gamma_{12} \tag{4.6.21}$$

剪切强度计算公式为

$$\tau_{12b} = P_{max}/(2A) \tag{4.6.22}$$

0°、90°、±45°试件参考实验数据结果分别如表 4.9、表 4.8、表 4.9 所列。

实验注意事项:

① 本实验要求学生根据给出的实验条件,设计实验方案。自己拆装试件、自己接线、调试仪器,最后完成整个实验;

表 4.7　0°试件实验测量记录及数据处理参考

序号	载荷/N	轴向应变 1	2	3	均值	轴向应力/MPa	拉伸模量/MPa	横向应变 1	2	3	均值	泊松比	均值	最大载荷/N	拉伸强度/MPa
试件编号	S0L-2			宽度/mm		12.33				厚度/mm		2.00			
1	1 000	321	322	320	321	40.55		−113	−114	−118	−115	0.359			
2	3 000	957	954	956	956	121.65		−341	−340	−346	−342	0.358			
3	5 000	1 579	1 576	1 579	1 578	202.76	131.454	−563	−563	−573	−566	0.359	0.358	56 316	2 283.70
4	7 000	2 189	2 184	2 189	2 187	283.86		−778	−778	−784	−780	0.357			
5	9 000	2 791	2 789	2 790	2 790	364.96		−989	−992	−994	−992	0.356			

表 4.8　90°试件实验测量记录及数据处理参考

序号	载荷/N	轴向应变 1	2	3	均值	轴向应力/MPa	拉伸模量/MPa	最大载荷/N	拉伸强度/MPa
试件编号	S90L-1	宽度/mm		24.95		厚度/mm		1.84	
1	100	199	201	201	200	2.18			
2	200	422	424	422	423	4.36			
3	300	645	646	644	645	6.53	9 793.04	2 440	53.15
4	400	866	867	865	866	8.71			
5	500	1 090	1 091	1 090	1 090	10.89			

表 4.9　±45°试件实验测量记录及数据处理参考

序号	载荷/N	轴向应变 1	2	3	均值	横向应变 1	2	3	均值	剪应变	剪应力/MPa	剪切模量/MPa	最大载荷/N	拉伸强度/MPa
试件编号	SZH-1		宽度/mm		24.99		厚度/mm		1.48					
1	300	524	524	526	525	−402	−403	−403	−403	927	4.06			
2	600	1 066	1 068	1 071	1 068	−821	−824	−825	−823	1 892	8.11			
3	900	1 620	1 620	1 629	1 623	−1 253	−1 253	−1 257	−1 254	2 877	12.17	4 016.3	8 986	121.48
4	1 200	2 196	2 194	2 197	2 196	−1 704	−1 703	−1 705	−1 704	3 900	16.22			
5	1 500	2 795	2 788	2 794	2 792	−2 179	−2 173	−2 178	−2 177	4 969	20.28			

② 实验最大载荷一定要低于实验室给出的许可载荷,保护试件和应变片;

③ 安装试件时,注意试件对中安装;

④ 接线时注意 3 个方向的应变片与应变仪通道的对应关系。

4.7　金属材料疲劳实验

4.7.1　实验目的

1. 学习疲劳的基本知识；
2. 了解疲劳加载的特点；
3. 学习测定材料疲劳极限；
4. 学习测定材料疲劳 $S-N$ 曲线的方法。

4.7.2　实验原理

工程很多构件承受着交变载荷的作用，在交变载荷作用下发生的失效即为疲劳失效。交变载荷的应力循环如图 4.30 所示。在交变载荷的应力循环中，最小应力和最大应力的比值称为应力比

$$R = \frac{\sigma_{\min}}{\sigma_{\max}} \tag{4.7.1}$$

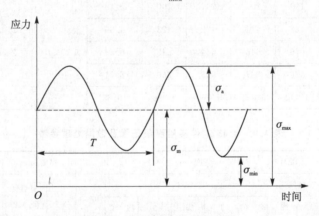

图 4.30　应力循环加载关系图

在既定的 R 下，若试样的最大应力 $\sigma_{\max}$，经历 N_1 次循环后，发生疲劳失效，则 N_1 称为最大应力 $\sigma_{\max}$ 时的疲劳寿命（简称寿命）。实验表明，在同一应力比下，最大应力越大，则寿命越短；随着最大应力的降低，寿命迅速增加。以最大应力 $\sigma_{\max}$ 为纵坐标，以寿命 N（通常取对数）为横坐标绘制的曲线称为应力-寿命曲线或 $S-N$ 曲线，如图 4.31 所示。

1. 疲劳极限测定

采用升降法测定材料的疲劳极限。有效试样数为 12～15 根，选择合适的应力增量（或降低量）是升降法试验中的一个重要程序。一般光滑试样的应力增量选择在预

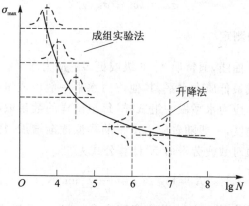

图 4.31　S - N 曲线图

计疲劳极限的 3%～5% 以内。缺口试样的应力增量适当减小。第 1 根试样的试验应力水平应略高于预计疲劳极限。根据上 1 根的试验结果(失效或通过)决定下 1 根试样的试验应力水平(降低或升高),直至完成全部试验。对第 1 次出现相反结果以前的试验数据,如在以后的试验数据的波动范围之内则有效。升降的应力水平数一般为 3～5 级左右。试验试件数目要满足由变异系数确定的最小试件数和升降图要求的闭合条件。升降法示意图如图 4.32 所示。

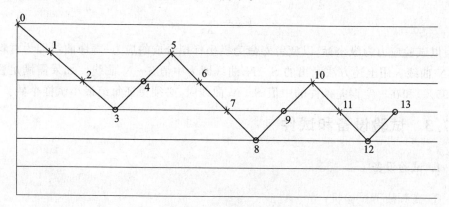

图 4.32　升降法示意图

相邻应力水平的各数据点按一个破坏点(×)和一个越出点(○)配成一对,如果升降图是封闭的,则所有试验点都能配成对子,这时中值疲劳强度或疲劳极限的估计量 σ_{50} 为

$$\sigma_{50} = \frac{1}{n^*} \sum_{i=1}^{m^*} V_i^* \sigma_i^* \qquad (4.7.2)$$

式中:n^* 为配成的对子总数;m^* 为配成对子的级数,为升降法级数减 1,即 $m^* = m-1$;V_i^* 为相邻 2 级配成的对子数。

$$\sigma_i^* = (\sigma_i + \sigma_{i+1})/2 \tag{4.7.3}$$

2. S-N 曲线的测定

获得一条 $S-N$ 曲线,通常取 4~6 级或更多的应力水平。用升降法求得的疲劳极限作为 $S-N$ 曲线最低应力水平,其他应力水平一般用成组试验法进行试验。成组试验法就是在每一应力水平做一组试样,每组试样的数量取决于试验数据的分散程度和所要求的置信度,一般随着应力水平的降低逐渐增加,每组应采用 3~5 根试样。成组试验法中值对数疲劳寿命 X 计算公式为

$$X = \log N_{50} = \frac{1}{n} \sum_{i=1}^{n} \log N_i \tag{4.7.4}$$

式中:N_i 为一组试验中第 i 个试样的疲劳寿命;n 为一组试样的总数;N_{50} 为具有 50%存活率的疲劳寿命即中值疲劳寿命。

对数疲劳寿命标准差 S 计算公式为

$$S = \sqrt{\frac{n \sum_{i=1}^{n} (\log N_i)^2 - \left(\sum_{i=1}^{n} \log N_i \right)^2}{n(n-1)}} \tag{4.7.5}$$

变异系数 C_V 计算公式为

$$C_V = \frac{S}{X} \tag{4.7.6}$$

以试验应力为纵坐标,以疲劳寿命为横坐标拟合成的应力-寿命曲线即为材料的 $S-N$ 曲线。用上述方法画出的 $S-N$ 曲线即为中值 $S-N$ 曲线。如果需满足置信度(95%)和在一定误差条件的中值 $S-N$ 曲线时,必须保证每组最小试样个数。

4.7.3 试验设备和试件

1. 试验设备

① 高频疲劳试验机;
② 广陆数显卡尺。

2. 试 件

根据 GB/T 3075—2008《金属材料 疲劳试验轴向力控制方法》,试件形式可以为棒状,也可以为板状。本次实验所选试件如图 4.33 所示。

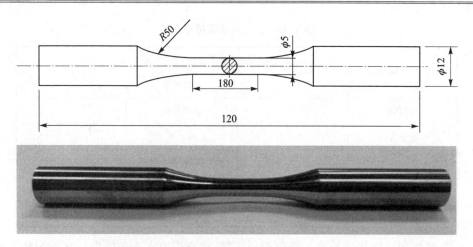

图 4.33 铝合金疲劳试样

4.7.4 实验步骤

① 测量试件尺寸。

② 装夹试样必须保证施加于试样上的载荷是沿轴向的,试件夹持如图 4.34 所示。

图 4.34 试件夹持图

③ 设定实验程序,施加载荷应平稳,不得超载。试验过程中应经常检测载荷。

④ 试验频率。频率的选择取决于试验机的类型、试样的刚度和被试材料的性质。一般在 5~200 Hz 范围内进行试验。对于同一批试样,应在大致相同的频率下进行试验。

⑤ 试样在规定的应力下连续试验,直至规定的循环次数或试样失效,记录实验数据。试样失效发生在非工作部分,则试验结果作废。疲劳实验数据记录表如表 4.10 所列。

表 4.10　疲劳实验数据记录表

疲劳实验数据记录			
试件编号		试件尺寸	
试验环境		试验时间	
记录人		频　率	
最大应力/应力比		最大载荷/最小载荷	
寿　命		破坏位置	
备　注			

⑥ 先按照升降法进行疲劳极限测定实验,注意应力水平的选取。实验中按照前一级实验的结果决定下一级应力水平的选取。

⑦ 在确定疲劳极限后选定 4 级应力水平,进行成组法实验。

⑧ 实验结束,整理实验器材。

4.7.5　实验数据处理与参考结果

实验数据处理方法如下:

① 根据升降法的实验数据绘制升降图,利用配对法计算条件疲劳极限;

② 根据成组法的实验数据结果,计算每级应力水平下的中值寿命;

③ 绘制 S - N 曲线图,疲劳寿命采用对数坐标,应力采用线性或对数坐标;

④ 根据 S - N 曲线图,采用双参数拟合公式,获得 S - N 曲线的拟合方程。

$$\log N = A_1 + A_1 \sigma_{\max}（单对数） \tag{4.7.7}$$

$$\log N = A_1 + A_2 \log \sigma_{\max}（双对数） \tag{4.7.8}$$

式中:A_1、A_2 为待定常数。

参考试验结果如下:

① 升降图如图 4.35 所示。

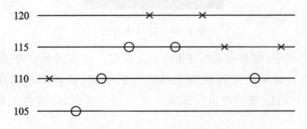

图 4.35　$R = 0.06$ 的试件升降图

$R = 0.06$ 的试件,对应于目标寿命 5×10^5 cycles 的条件疲劳极限为

$$\sigma_{50} = \frac{117.5 \times 2 + 112.5 \times 2 + 107.5}{5} = 113.5 \text{ MPa}$$

② $S-N$ 曲线如图 4.36 所示。

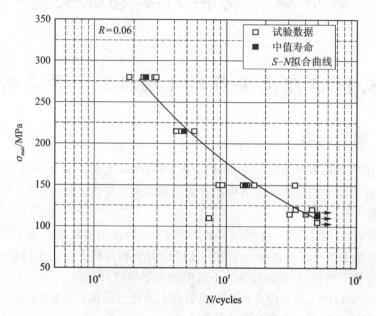

图 4.36　$R=0.06$ 的 $S-N$ 拟合曲线图

$S-N$ 曲线拟合方程为

$$\lg N = 12.533 - 3.352 \lg \sigma_{max}$$

第5章　材料力学趣味实验

5.1　3根火柴吊起8瓶水的力学奥秘

5.1.1　实验内容

2016 年的电视节目上有一个趣味力学实验:水平光滑桌面上有 3 根火柴棍和 1 根细绳,要求用它们组成一个结构并承受尽可能多的重物,不能在桌上钻孔和使用胶水等其他工具。

节目最后给出的答案和实验结果如图 5.1 所示,该结构竟然承受了 8 瓶矿泉水的重量且火柴棍没有发生折断。作为学过理论力学和材料力学的工科学生,我们不能简单看个热闹和新奇,应该探索一下其中的力学问题,比如:

① 这个结构的工作原理是什么? 或者说它为什么能保持平衡?

② 每根火柴处于什么样的受力状态?

③ 不改变火柴的尺寸,这个结构能承受的载荷还能增加吗? 提高载荷的措施有哪些?

(a) 局部细节

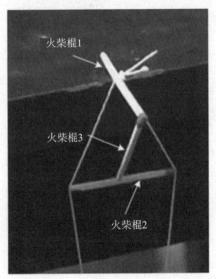
(b) 整体实验效果

图 5.1　吊起了 8 瓶水的 3 根火柴和 1 根细绳组成的结构

④ 在极限载荷时,结构的失效形式会是什么?

⑤ 如何设计一个连续加载的装置,并且测出该结构真实的极限载荷?

大家可以自行参考一些实验标准,并利用实验室的设备先进行一些必要的测试,比如火柴棍的拉/压和弯曲强度,细绳的拉伸强度,细绳与火柴棍之间的摩擦系数等。在这些实验结果的基础上对上述问题进行判断。

下面的理论分析和实验结果仅供同学们参考。

5.1.2　结构的工作原理

先不考虑强度问题,我们可以认为图 5.1(a)中水平桌面上火柴棍 1 其实就是 1 个杠杆,它的受力图如图 5.2(a)所示:该杠杆的支点就是桌边棱角与火柴棍的交点,而作用在杠杆上的 2 个力,其中 1 个就是 8 瓶水的重量(G),它通过绳子作用在支点附近,方向铅锤向下。另 1 个是来自斜向火柴棍 3 提供的支撑力(F_N)。这 2 个力使得杠杆处于平衡状态。

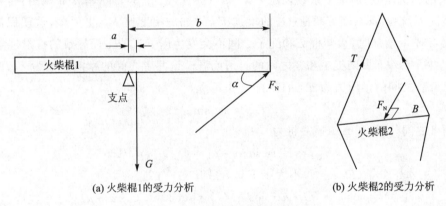

(a) 火柴棍1的受力分析　　　　　　　　(b) 火柴棍2的受力分析

图 5.2　火柴棍的受力分析

设杠杆上 2 个力的作用点距离支点的距离分别为 a 和 b,那么根据杠杆的平衡原理,作用在杠杆上的 2 个力应满足如下关系:

$$G \cdot a = F_N \cdot b \cdot \sin \alpha \qquad (5.1.1)$$

由此得到

$$F_N = (G \cdot a)/(b \cdot \sin \alpha) \qquad (5.1.2)$$

由于细线紧靠支点,a 相较于 b 很小。按 $a/b = 1/50$,$\alpha = 45°$ 来计算,火柴棍 3 提供的力仅需所吊重量的 2.8%,就可以维持杠杆的平衡(如果对火柴棍的压缩强度进行了测试,可以评估下火柴棍 3 的强度是否是结构承重的瓶颈)。这个结构能承重的关键就是悬挂点离桌面一定要近(即 a 一定要小,最小为绳子的半径)。

5.1.3　关于结构承重能力的探讨

8 瓶水的重量就是这个结构的最大载重吗?如果不是还能加多少?决定这个结

构最大承重的关键点在那里？

如果结构失效，原因无外乎以下两个：

① 打滑，包括火柴棍 2 与绳子之间的打滑，以及火柴棍 1 和 3 之间、火柴棍 1 和桌面之间的打滑；

② 3 根火柴棍其中任何一个的折断。

先研究下火柴棍 2 与绳子之间的打滑。如图 5.2(b)所示，火柴棍 2 所受的绳子的夹紧力实际上是绳子的张力（$T=G/2$）的分量：

$$F_夹 = T \cdot \cos \beta = (G \cos \beta)/2 \tag{5.1.3}$$

火柴棍 2 与绳子之间发生打滑时，摩擦力（$F_磨$）等于它受到的夹紧力与摩擦系数 μ 的乘积：

$$F_磨 = F_夹 \cdot \mu = T \cdot \cos \beta \cdot \mu = (G \cdot \mu \cdot \cos \beta)/2 \tag{5.1.4}$$

结合式(5.1.2)和式(5.1.4)可以发现，火柴棍 2 受到的两个力 F_N 与 $F_磨$ 都是吊物重量 G 的比例函数，但两个系数之比为 $\lambda = a/(b\mu \sin \alpha \cos \beta)$。除非 μ 非常小，否则一般情况下，$\lambda < 1$，即：随着载荷（G）的增加 $F_磨$ 增加的幅度比 F_N 更大些，这就保证了重物 G 不断增加时，火柴棍 2 和绳子之间不会发生因 $F_N > F_磨$ 而导致的打滑现象。

再研究一下火柴棍 1 和 3 之间的打滑问题。设两者之间的摩擦系数为 μ_2，接触点上两者之间的正压力为 F_N 的竖直分量 F_{N1}：

$$F_{N1} = F_N \sin \alpha \tag{5.1.5}$$

若两者之间打滑，那么摩擦力将为

$$F_{磨2} = F_N \cdot \sin \alpha \cdot \mu_2 = G \cdot a \cdot \mu_2/b \tag{5.1.6}$$

当 F_N 的水平分量（$F_N \cos \alpha$）不大于 $F_{磨2}$，也即

$$F_N \cos \alpha = (G \cdot a \cdot \cos \alpha)/(b \cdot \sin \alpha) < G \cdot a \cdot \mu_2/b \tag{5.1.7}$$

打滑便不会发生，此时有

$$c \tan \alpha < \mu_2 \tag{5.1.8}$$

因此，只要结构中所取的角 α 大于上述阈值（即 $\arctan \mu_2$），火柴棍 1 和 3 之间就会自锁而不会打滑。实际上，若上述两根火柴的火柴头在此相交，那么一方突出的火柴头会阻止另一方的滑出。

通过上述分析，我们基本排除了结构会因火柴棍之间或者火柴棍与绳子之间打滑而造成失效的可能性。

再看第二种可能：火柴棍折断。这里只有两种可能，即火柴棍 1 与火柴棍 2 的折断。由于使火柴棍 2 受弯曲的载荷是 F_N，而使火柴棍 1 受弯曲的只是 F_N 的竖直分量，而且两者的力臂差不多（火柴棍 1 的伸出量基本上也是长度的一半），因此火柴棍 1 受的弯曲载荷可能比火柴棍 2 的稍小。但是火柴棍 1 除了受弯曲载荷外，还在支点处受到来自所吊重物的强大的剪切载荷作用，因此综合来看，火柴棍 1 的折断可能是导致结构失效的原因，或者说火柴棍 1 决定了整个结构的承载能力。

5.1.4　参考实验

为了证实上述推断,并切实检验 3 根火柴棍的最大承载能力,我们在实验室搭建了一个简易实验平台,并做了实验。

实验平台基于一个小型升降机做成,我们做了一小块光滑的铝板,并把它用螺丝固定在升降机上,该铝板水平放置并可升降,火柴棍 1 就放在这个水平铝板上(相当于桌面)。1 根细绳挂在火柴棍 1 上,绳子的底部用挂钩勾住,挂钩连接一个力传感器(200 N 量程),而力传感器则固定在升降机的底部平板上,当绳子自然垂放时恰好通过传感器的中心。这个实验平台如图 5.3 所示。通过小平台的缓慢升降,我们就可以对火柴棍结构连续加载,并且测出它的最大承载能力。

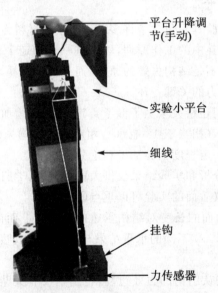

平台升降调节(手动)

实验小平台

细线

挂钩

力传感器

图 5.3　实验装置和操作

我们利用这个平台总共做了 10 次实验。实验发现,3 根火柴棍组成的结构承载能力在 35～75 N,也即最大承载能力相当于 12 瓶水(每瓶按 600 mL 计)。

我们特别留意了 10 次试验中结构失效的方式。结果发现,尽管细绳紧贴"桌面"侧壁(也即令图 5.2 中的 a 尽量小),但随着载荷的增加,火柴棍 1 留在台面上的部分仍会逐渐翘起,图 5.4 所示为火柴棍结构承重最大的一次实验,可以看到火柴棍 1 在 24 N 力的作用下,后段基本还贴在台面上,但载荷达到 74 N 力的时候,后段明显翘起且前段明显有弯曲变形,继续加载到 75 N 力时,结构突然失效。找到地面上散落的 3 根火柴,发现火柴棍 1 从支点位置折断。在其他 9 次实验中,3 根火柴棍都没有折断,据推测,结构失效原因应该是火柴棍 1 从台面滑落。

图 5.4　火柴棍 1 在不同载荷作用下的变形情况

5.1.5　结论与建议

上面的趣味力学实验其实包含了许多理论力学与材料力学的基本知识。我们首先通过理论分析知道了其中的工作原理,然后进一步知道了火柴棍之间或者火柴棍与绳子之间的打滑应该不是结构失效的原因,而受力最严重和复杂的火柴棍 1 才是影响机构失效和承重能力的关键一环。

除了理论分析,我们还给大家做了参考实验,通过持续加载确定了火柴棍结构的最大承重可以达到 75 N(相当于 12 瓶水),相对应的结构失效模式是火柴棍 1 在支点处的折断或滑落,在一定程度上验证了理论分析结果。

当然,上面的理论分析和实验结果仅供大家参考,同学们还可以提出更好的结构设计和实验方案,但建议后面的实验可以重点研究:

① 火柴棍 1 伸出台面的长度对结构承重的影响。上面试验中并没有采用统一的伸出长度,因此 35～75 N 不同的承重结果与这个伸出长度是否有关,同学们可以验证一下。

② 采用高速相机确认结构的失效过程,特别是没有火柴棍折断的情况下,结构失效是否是因打滑引起,需要确认。

5.2　纸质桌腿的最大承载能力

5.2.1　实验内容与要求

1. 实验内容

用 5 合板当桌面,用给定的 40 张 A4 纸张卷成或折成一定形状的纸卷当桌腿做一张桌子,在桌面上摆放矿泉水瓶,看谁做的桌子承载能力最大(即桌面上摆放的矿泉水瓶最多)。

2. 实验要求

① 纸张不能撕开使用,但可以折叠;

② 纸张可以用胶水或胶带粘接;

③ 做成的纸质桌腿高度不能低于 A4 纸的宽度(即 210 mm);

④ 每个桌腿的横截面形状和尺寸不限制,用纸张数量不限制(但总数不能超过 40 张);

⑤ 桌腿的数量和摆放位置不限制,桌腿与桌面的连接方式(是否粘接、如何粘接)不限制;

⑥ 矿泉水在桌面的摆放位置不限制。

5.2.2　实验原理

本实验着重考察同学们对稳定性概念理解和应用:这里面既有压杆稳定性的问题,也有结构稳定性的问题。对于单根压杆,它的稳定性与下列因素有关:

① 压杆的长度或高度。其他因素不变的情况下,长(高)度越短越稳定。

② 压杆的弯曲刚度。材质一定的情况下截面惯性矩越大越利于稳定性。

根据这个原则,如果我们把一张纸卷成圆筒装,可以把它卷大些、薄些,也可以把它卷小些、厚些,怎样卷才能有最大的界面惯性矩呢? 如果几张纸一起卷,单个桌腿的截面惯性矩就更大了,但纸张总数一定,可以做的桌腿就少了。

③ 压杆两端的约束方式。显然两端约束越强,越利于其稳定性。

对于一个杆系组成的结构,它的整体稳定性除了与每根杆的稳定性相关外,也与各杆之间的联系或者组成方式有关,不难理解以下原则:

(a) 一般情况下,承载的杆件数越多,结构越稳定;

(b) 各杆之间的联系或约束越强,结构越稳定;

(c) 各杆的受载越均匀,局部失稳的可能性越小,整体结构的稳定性也越好。

5.2.3　实验器材

① A4 纸 40 张;

② 60 cm×40 cm 的 5 合板一块(平整光滑);

③ 胶水 3 瓶;

④ 透明胶带 3 卷;

⑤ 矿泉水 2 箱(共计 48 瓶)。

5.2.4　实验方案

不难发现,在纸张数量一定的情况下,提高单根压杆(纸质桌腿)稳定性的措施与提高整体稳定性的措施之间是存在矛盾的:比如桌腿做多了,单根桌腿的稳定性一般要下降。所以合理的桌子设计方案是需要我们权衡和综合考虑的,但可以肯定的是,往桌面上摆放矿泉水的位置是有讲究的。

　　本实验没有标准的实验方案和答案。但是要提醒一下,根据已经做过的实验,如果桌面上摆放的矿泉水瓶少于 20 个,你的设计肯定不能算是一个成功的方案。

第6章 材料力学实验常用设备与仪器

6.1 微机控制电子式万能试验机

6.1.1 试验机的构成

试验机由主机、测量控制系统、计算机系统和附件等组成。

1. 主机部分

主机由上横梁、下横梁、T形槽工作台及丝杠组成框架式结构,丝杠固定在台面和上横梁之间,滚珠丝杠的丝母及光杠的导套固定在下横梁上,如图 6.1 所示。具体说明如表 6.1 所列。

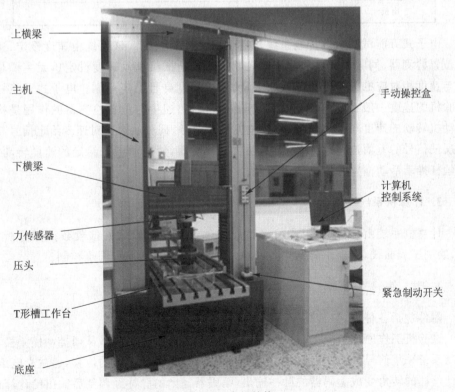

上横梁

主机

下横梁

力传感器

压头

T形槽工作台

底座

手动操控盒

计算机
控制系统

紧急制动开关

图 6.1 主机结构

表 6.1　试验机结构名称及说明

名　　称	内容说明
上横梁	位于主机上端的固定横梁
下横梁	位于主机中间位置,带动夹具上下移动
T 形槽工作台	也称下台面,用于稳固试验机
丝杠	丝杠的转动带动移动横梁上下移动

2. 测量控制系统

测量控制系统由控制主板、电机、驱动器、操作面板组成。具体如表 6.2 所列。

表 6.2　试验机测量控制系统名称及说明

名　　称	内容说明
控制主板	传感器信号采集和试验机闭环控制
操作面板	由显示屏、特殊功能键、数字键、控制键组成。可脱离计算机单独操作
驱动器	位于下台面后部
电机	位于下台面后部

电子式万能试验机的控制系统是一个闭环控制系统。该系统由速度设定、速度与位置检测器、伺服放大器和功率放大器等组成。横梁移动速度设定单元主要是给出与速度相对应的模拟电压值或数字量,要求精度高且稳定可靠。电子式万能材料试验机的速度一般在 0.05～500 mm/min 范围内;速度与位置检测器的作用是检测电动机转动的速度与位置信号,作为速度反馈信号;伺服放大器对速度给定信号与速度反馈信号的差值进行放大,进而驱动功率放大器,使电动机按给定的速度转动,通过丝杠推动活动横梁稳定准确地移动。

3. 计算机系统

计算机系统由计算机、打印机及试验软件组成。试验软件接收数据并分析、处理,绘制试验曲线,存储试验结果,打印结果报表。与显示面板同步控制。

4. 附　件

附件包括各种夹具、传感器、引伸计等,如表 6.3 所列。

试验机工作原理:电机通过同步带轮减速后,带动丝杠旋转,从而推动横梁移动。控制系统采集信号,实现各种试验功能。为精确测量移动横梁的位移,通过光电编码器把丝杠的转角变成编码器的脉冲输出,编码器输出的脉冲经调整后输出给计算机,计算机将接收到的脉冲信号再次整形、滤波后进行辨向识别、判断、计算处理,并将结果送给显示部分和终端设备。

表 6.3　试验机常配的附件名称及说明

名　称	内容说明
夹具	装夹各种试样的装置,例如,拉伸夹具、压缩装置、弯曲装置等
传感器	主要指力传感器,测量试样的受力情况
引伸计	测量试样的变形情况

6.1.2　试验机的重要技术参数

以 WDW—100 试验机为例,该试验机的最大实验力为 100 kN,力的有效测量范围是 0.4%～100%,全程的分辨力不变,为 1/500 000,力示值相对误差为 ±0.5%。该试验机的试验速度范围为 0.002 5～250 mm/min 或 0.005～500 mm/min,且试验速度为 100 mm/min 以下时的允许试验力为最大试验力,速度为 100mm/min 以上时允许试验力为最大试验力的 50% 以下。

WDW—100 试验机的移动横梁最大行程为 1 200 mm,位移分辨力为 0.001 mm,位移示值相对误差为 ±0.2%,变形有效测量范围 0.2%～100%FS,变形分辨力为 1/500 000,变形示值相对误差为 ±0.5%,匀试验力速率、匀变形速率控制范围为 0.01%～10%FS/s,恒试验力、恒变形控制范围为 0.5%～100%FS。

6.1.3　试验机的操作和工作模式设置

1. 如何开关机

本实验室的万能试验机分别如图 6.2 和图 6.3 所示。

WDW—50 型微控电子万能试验机:

开机:① 将开关右旋 90°;② 单击线控盒上的"启动"键。

关机:将开关左旋 90°。

WDW—100A 型微控电子万能试验机(目前还未安装开关):

开机:① 紧急制动键顺时针旋转直至跳起;② 单击线控盒上的"启动"键。

关机:按下紧急制动键。

2. 软件使用

WDW—50 型和 WDW—100A 型微控电子万能试验机的操作软件界面相同,如图 6.4 所示。

首先双击桌面上的"WinWdw -北航"图标可进入试验机操作界面。

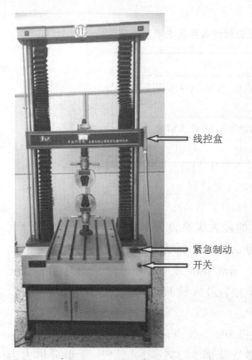

线控盒

紧急制动
开关

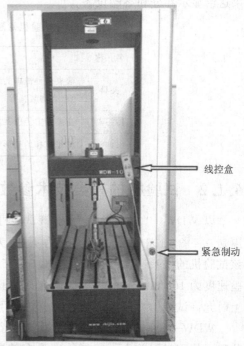

线控盒

紧急制动

图 6.2　WDW—50 型微控电子万能试验机　　　图 6.3　WDW—100A 型微控电子万能试验机

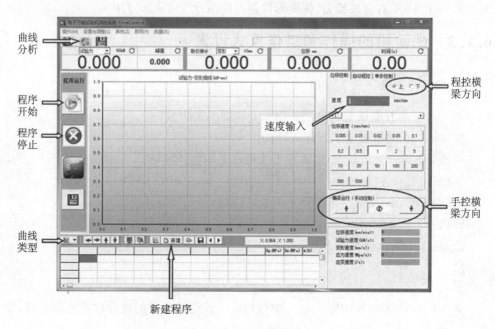

曲线
分析

程序
开始

程序
停止

曲线
类型

程控横
梁方向

速度输入

手控横
梁方向

新建程序

图 6.4　试验机操作界面

注意:上课时认真听老师要求,听清是程序控制还是手动控制。程序控制将导致试验机自动运行,试验过程中有相应数据存储和处理,有试验曲线;手动控制只是手动操纵试验机横梁移动,过程数据不存储、不处理,无曲线。

(1) 手动控制方式

① 在速度栏里输入速度值,并按键盘上的 Enter 键;

② 单击红色的上下箭头控制主机横梁移动,进行调整横梁位置和加卸载操作。

(2) 程序控制方式

① 单击"新建",出现对话框:输入试件编号(为了防止重复,可用自己学号);单击"新建试样";单击"√确定",录入试验件信息后关闭窗口;

② 单击"曲线类型",选择"试验力-位移曲线";

③ 在"速度"文本框中输入速度值,并按 Enter 键;

④ 观察"程控横梁方向"是否选择正确(如不正确可能会导致重大事故);

⑤ 单击"程序开始"运行程序;

⑥ 实验结束,单击"程序停止"。单击"曲线分析"进入数据分析处理界面进行数据分析。

6.2　扭转试验机

6.2.1　试验机的构成

扭转试验机是用于测定金属或非金属试样受扭时的力学性能机械设备。根据检测产品的分类,可以分为弹簧扭转试验机、线材扭转试验机和材料扭转试验机。扭转试验机和万能试验机相似,也分加力、测力、绘图三个部分。

微机控制扭转试验机主要由加载装置、数据采集及处理系统(扭矩传感器和微机控制系统)等组成。一般采用扭矩传感器直接测量试样的扭矩($N \cdot m$),通过电子扭转计测量试样标距内的扭角、光电编码器测量试样的两夹头之间的转角。在计算机内部的扩展槽内,安装有测量扭矩、测量转角的硬件板即数据采集卡,直接进行数据采集。

机器的构造原理如下。

整机由加载装置、扭转角测量装置以及电控测量系统等组成。

加载装置:加载装置由机座及安装在导轨上的溜板和加载机构组成。导轨方向与试件轴线方向一致。受扭试样安装于主动夹头和从动夹头之间,从动夹头与扭矩传感器相连。当伺服系统得到指令,交流伺服电机转动并通过固定在机座左端的减速机,使其上的主动夹头转动,施加扭矩于试样上,使固定夹头受到同样的扭矩。同时,溜板可以沿着导轨自由移动,保证试件只受扭矩而不受轴力的作用。

扭矩测量机构:扭矩传感器安装在可沿导轨直线移动的滑动箱体内。通过试样传递过来的扭矩使传感器产生相应的变形,发出电信号,此信号由测量电路传入电器控制部分。由计算机进行数据采集和处理,并将结果显示在屏幕上。

扭角测量机构:扭角测量系统由两部分组成,它们是试样受到扭转变形时,试样标距长度范围内相对扭转角的测量机构和主动夹头旋转角度的测量装置。试样受扭之后,在标距两端的卡盘转动角度的不同会造成两只光电编码器输出的角脉冲信号的差异。同样此信号由测量电路传入电器控制部分。由计算机进行数据采集和处理,并将结果显示在屏幕上。扭转计主要用于小扭角测量,当扭角接近扭转计测量极限,取下扭转计由夹头转角代替扭角测量。

转角测量机构:与主动夹头同轴安装有一个同步带轮,经过一套传动机构带动一个 1 800 脉冲/转的光电编码器同步转动。主动夹头的转角脉冲信号输送到电器部分进行处理,数字显示出转角。

电控测量系统以单片机为核心,进行扭转试验控制及数据采集,采用高精度数据放大器及高精度 A/D、D/A 为主要外围电路,组成数据测量、数据处理等多个测控单元。与计算机联机,只需在通信电缆正常连接的情况之下使用计算机的"联机功能"即可,不需要再操作控制系统。采用微机控制时,配置全中文用户界面软件,可自动进行数据的采集处理,并打印实验报告和扭矩-转角曲线,在实验运行过程中还可以动态显示扭矩值、转角值、扭转角速度和扭矩-转角曲线等。

6.2.2 试验机的重要技术参数

① NDW-05 的最大扭矩为 500 N·m,示值精度为±1%。扭矩量程:500 N·m、250 N·m、100 N·m、50 N·m、25 N·m、10 N·m 6 档,可以直接在屏幕上选择。

② 扭转角的测量范围为 0°～±10 000°。

③ 扭转计的标距相对误差不大于±0.5%;示值分辨力不大于 0.001°;示值相对误差±1.0%(在扭角≤0.5°的范围内,示值误差≤0.005°);示值重复性≤1.0%。

④ 调速范围:0.18(°)/min～540(°)/min。

⑤ 试验温度:一般为室温 10～35 ℃。对温度要求严格的试验,应为 25 ℃±5 ℃,相对湿度不低于 80%。

⑥ 夹头间最大距离为 300 mm。

6.2.3 试验机的操作和工作模式设置

① 在试验前先对设备进行检查。检查内容包括:各紧固件是否松动,各按键是否正常,电机是否正常。准备好试样之后首先打开主机左侧的电源空气开关,使机器至少预热 10 分钟。如果打开主机电源之后,发现按键操作面板上的红色电源指示灯不亮,就检查一下急停开关是否按下。

② 打开电脑,然后单击"WinNdw"图标打开软件,进入扭转试验界面。

③ 按下手动控制盒上的伺服启动按钮(该按钮为自锁按钮),然后在计算机的扭

转试验界面上,打开"控制面板"即可选择试验速度,按正、反转按钮可控制主动夹头旋转。

④ 进入软件打开菜单,可以选择扭矩范围、扭转角范围和子菜单(试验参数,试验分析,报告打印等)。首先根据试验尺寸情况,选择合适的扭矩和扭转角测量范围;然后输入试验参数,选择试样类型;最后进行清零操作:扭矩和扭角清零是通过扭矩和扭角显示窗口上的"▲"、"▼"、"C"按钮,"▲"、"▼"为机械清零,"C"为软件清零。根据原先显示数值大小及＋/－值,先单击对应按钮进行机械清零,接近 0 附近时再用软件清零。但要注意扭矩清零一定要在夹头未装试样的自由状态下进行。

⑤ 装夹试样和扭转计。在未装夹试样前,先利用鼠标进行扭矩清零;若需测试样的扭角时用标距规安装好扭角臂,使两扭角臂垂直向下,扭转计安装好后,用鼠标将扭角清零。装夹试样时,先按"对正"按键,使两个夹头对正。如果发现夹头有明显的偏差,就可以通过按下"正转"或"反转"按键进行微调。将已装卡盘的试样的一端放入从动夹头的钳口间,扳动夹头的手柄将试样夹紧。

⑥ 选择加载控制方式,有 3 种控制方式,分别为转角控制、扭矩控制、扭角控制。

⑦ 单击"开始"进行试验。试验过程中,屏幕上会即时显示扭矩和扭转角,并绘出 T-φ 曲线。当测出所需的数据后需要及时取下扭转计。试样屈服后,可以加快试验速度。试样断裂后,应立即按停止按钮停机。

⑧ 获取试验分析及试验报告。单击"试验分析"项,屏幕将显示需处理的试验曲线及计算性能项目。单击"试验报告",会显示"报表信息设置"。

⑨ 试验完毕,要及时停机。关机时,先退出软件界面,然后关闭计算机系统和电源空气开关。试验全部结束之后,应清理好机器,以及夹头中的铁屑,卸除试样,关闭电源。

注意事项:

① 常规试验,"控制面板"应选择"转角控制"方式,以免正式试验时开机就出现高速扭转,造成事故。

② 当使用电子扭转计时,应在伺服系统断电下安装扭角臂及扭转计。

③ 因为扭转计是单向使用(顺时针转动)的,因此在使用扭转计测扭角时,一定要先按下控制面板上的"反转"按钮,随后才能单击"开始"进行试验,否则会损坏电子扭转计系统。

④ 试验过程中若出现异常现象,可按下手动控制盒上的急停按钮,停止试验。

6.3　静态电阻应变仪

6.3.1　概　述

静态电阻应变仪是专供测量不随时间变化或变化极缓慢的电阻应变仪器,它的功能是将应变电桥的输出电压放大,并在显示部分显示应变的数值。静态电阻应变仪主要用于实验应力分析及静态强度研究中测量结构及材料任意点的应变。如今已广泛用于机械、土木、航空航天、国防和交通等领域。其主要优点是:

1. 测量精度高

由于电测法利用电阻应变仪测量应变,因而具有较高的测量精度,可分辨数值为一个微应变 $1~\mu\varepsilon$。

2. 传感元件体积小

电阻应变片是电测法的传感元件。它的最小标距可达 0.2 mm,可粘贴到构件的很小部位上以测取局部应变。

3. 测量条件要求不高

电阻应变片能适应高温、低温、高液压和远距离等各种环境下的测量。它不仅能传感静载荷下的应变,也能传感频率从零到几万赫的动载荷下的应变。

4. 自动化程度高

使用先进的测试仪器和数据处理系统进行电测法试验,可以有效提高测试效率并降低测量误差。目前已有 100 点/秒的静态应变仪和对动态应变信号进行自动分析处理的系统。

当然,电测法也有一定的局限性,例如,一般只能局限于测构件的表面应变。而且在应力集中的部位,若应力梯度很陡,则测量误差会比较大。

6.3.2　应变仪的电路组成

以 DH3818 静态应变测试仪为例,每一测量通道均有测量桥路连接的接线柱和短接铜片,用于组成不同测量电桥(例如,全桥、半桥或 1/4 桥)。面板下方分别有通道显示窗、应变显示窗和 4 个指示灯(自动控制、手动控制、应变、修正系数),0~9 10 个数字键和设置、退格、确认、平衡 4 个功能键。设置键用于自动控制、手动控制选择和应变片灵敏系数修正时的切换,选项由指示灯显示。设置项完成后,例如通道灵敏系数修正后需要用确认键加以确认。应变仪各部分的名称及作用如图 6.5 所示。

桥路分 1/4 桥、半桥和全桥。接线时,应将导线头放置于接线端子金属压片下方,并拧紧固定细钉,尽量减少接触电阻,以保证测量时的应变读数稳定。

静态应变测试仪有内部电阻。在 1/4 桥、半桥连接时,内部电阻和外接应变片一起组成惠斯通测量电桥。全桥连接时,惠斯通电桥均由外接应变片组成。

1/4 桥为单臂测量桥路,多通道共用补偿片,即各通道的温度补偿桥臂是共用的,测量时温度补偿应变片只需 1 枚。半桥,可以是 1 片工作片和 1 片温度补偿片组

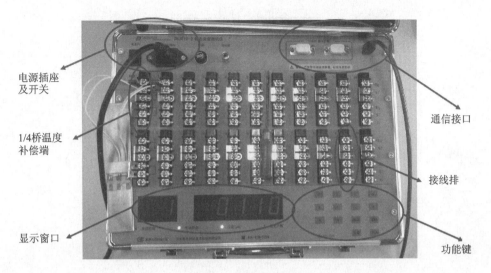

图 6.5　应变仪的组成

成半桥另补偿桥路,也可以是 2 片工作片组成自补偿桥路。全桥的 4 个桥臂均为外接应变片。

6.3.3　应变仪的操作

1. 应变仪接线注意事项

① 接入 Y 形接线端子时,端子应压在方形垫片下方,以减小接触电阻,否则测量数据不稳定(如图 6.6 所示)。

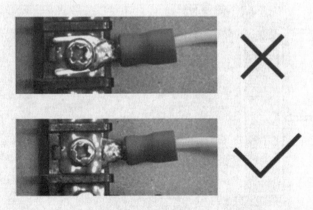

图 6.6　Y 形接线端子的接入

② 用短接铜片连接 2 个接线柱时,2 个接线柱上的螺丝都要拧紧(如图 6.7(a)所示);需要断开 2 个接线柱的连接时,松开螺丝,向侧面拔出铜片(如图 6.7(b)所示)。

(a)连　接　　　(b)断　开

图 6.7　用短接铜片连接、断开 2 个接线柱实物图

2. 应变仪接线方法

应变仪有 2 个测量模块,模块之间是彼此独立的。每个模块有 11 个接线排,其中最左端的接线排为这个模块的公共桥型设置端及 1/4 桥公共补偿端,从第 2 个接线排开始为测量通道,计 10 个测量通道,上面的模块测点编号为 CH01~CH10,下面模块测点编号为 CH11~CH20,2 个模块共计 20 个测量通道,如图 6.8 所示。每个测量通道的接线排内部电路对应 1 个惠斯通电桥,要求掌握原理,会接线。补偿通道的内部电路复杂,不要求掌握原理,但必须能根据要接的桥路类型进行相应的设置。

开关

补偿通道

图 6.8　应变仪实物图

接下来分别介绍每个模块的公共桥型设置端和测量通道的接法：

（1）公共桥型设置端的设置方法

接 1/4 桥时，公共桥型设置端要接入温度补偿片，把标有"1/4 桥"的短接铜片插进去并拧紧两个接线柱，如图 6.9(a)所示；接半桥时，把标有"半桥"的短接铜片插进去短接并拧紧接线柱，并把标有"1/4 桥"的短接铜片拔出，如图 6.9(b)所示；接全桥时，把标有"1/4 桥"和"半桥"的短接铜片都拔出，如果接有温补片需要拆除，如图 6.9(c)所示。

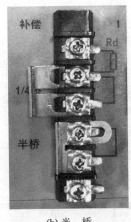

(a) 1/4 桥　　　　　　　(b) 半　桥　　　　　　(c) 全　桥

图 6.9　公共桥型设置端的各种桥型设置方法

（2）测量通道的接线方法

每个接线排对应 1 个测量通道，它有 5 个接线柱，从上往下依次定义为 A、B、$B1$、C、D 和 G，其中 A、B、C、D 4 个接线柱与惠斯通电桥图中的 A、B、C、D 4 个节点是一一对应的关系，如图 6.10 和图 6.11 所示。其中：A、C 接线柱是电桥的输入端，即供桥电源的正负极；B、D 接线柱是电桥的输出端，即电桥输出的正负极；G 接线柱是接地端，强干扰时接地线或屏蔽线来解决干扰问题，平时用不到；没有名称的接线柱（从上方数第 3 个接线柱）通常定义为 $B1$，在接 1/4 桥时需要与 B 接线柱通过短接铜片连接起来，这一测量通道才能接入公共温补片，而接半桥与全桥时必须要将这个短接铜片拔出，这样 $B1$ 接线柱才能不起作用，否则测量数据错误。

3. 应变仪软件使用

先打开应变仪上的电源开关，等待 10 s 左右，至仪器自检完成（嗒嗒嗒的响声结束）。然后单击电脑上的"DH3818 静态应变测试系统"，进入软件界面，如图 6.12 所示。

单击通道参数栏下方的"测点参数"，在测点显示栏中双击切换 × 和 √，选择要使用的测点。

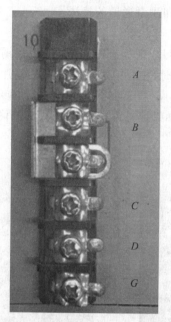

图 6.10　测试通道中各接线柱的名称

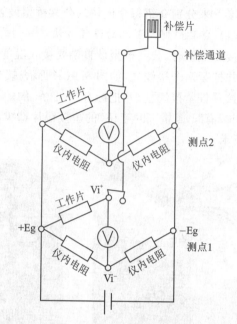

图 6.11　1/4 桥的内部电路

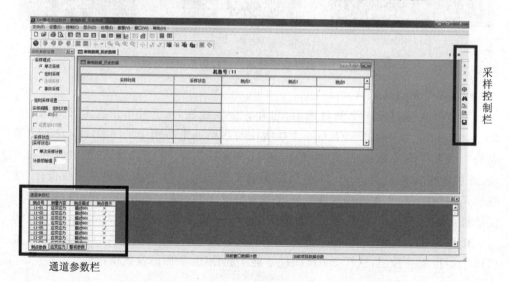

图 6.12　软件界面

① 单击通道参数栏下方的"应变应力",选择桥路类型:

方式 1:1/4 桥;

方式 2:半桥或全桥。

应变片电阻:120 Ω;

灵敏度系数:2.08。

② 如果界面中央没有显示表格,则单击上方工具栏中的"窗口",选择"新建表格窗口"。

③ 右击表格,选择"显示历史数据"。

④ 使用试验机软件加载至初始载荷后,切换回应变仪软件。单击采样控制栏中的⊕键进行平衡(清零)。

⑤ 采样控制栏里,接好线后先单击"平衡",再单击绿三角"采样",完成数据清零,如果清零结果不为零(允许 ±2 με 以内),说明接线或者设置有问题,需要排查掉,加载后单击采样控制栏中的绿三角"采样"测量应变数据。

6.4　位移传感器

6.4.1　机械式及电子式位移计(百分表/千分表)

百分表是利用精密齿条齿轮机构制成的表式通用长度测量工具,通常由测头、量杆、防震弹簧、齿条、齿轮、游丝、圆表盘及指针等组成。百分表/千分表是一种常用的位移测量传感器,分为机械式(图 6.13)和电子式(图 6.14)两种。百分表的用途很多,在材料力学实验中,常用它来测量位移(或变形)。

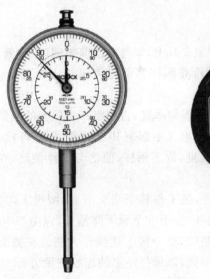

图 6.13　机械式百分表　　　　图 6.14　电子式百分表

使用时将百分表固定在 1 个支架上,把顶杆触头顶在被测物体上,借助弹簧的作用,使触头紧密地接触被测物体。当被测物体沿顶杆轴向上下移动时,就推动顶杆使杆上平齿带动小齿轮转动。和小齿轮同轴的大齿轮也一起转动,并带动指针齿轮和指针旋转。经过这一系列的转动和放大,被测物体的位移,就可以通过指针在表盘上所指的读数(或读数差)表示出来。

百分表一般是顶杆每移动 1 mm,大指针旋转 1 圈,而在表盘上将 1 圈等分刻成 100 个分格,每格便代表 0.01 mm,故称为百分表 10 mm(也有 5 mm、30 mm、50 mm 特殊规格的),当大指针旋转一圈,量程指针指示 1 mm。测量时,顶杆与被测物体接触好以后,可以用手旋转表盖使大指针对准"零"点。有的百分表则是旋转顶杆上端的螺帽,使指针对准"零"点。测量读数时应估读到最小刻度的十分位(即估读到千分位),以保证读数精度。其外形如图 6.13 所示。

百分表的读数方法为:先读小指针转过的刻度线(即毫米整数),再读大指针转过的刻度线(即小数部分),并乘以 0.01,然后两者相加,即得到所测量的数值。

测量位移除百分表外,还有一种更精密仪表——千分表。千分表与百分表结构大致相同,但制造工艺和精度比百分表高。千分表大指针旋转 1 圈为 0.1 mm,每圈也有 100 个分格,每格代表 1/1 000 mm,故称千分表。千分表的量程一般只有 1 mm,使用时要特别小心。同样测量读数时应估读到最小刻度的十分位(即估读到万分位),以保证读数精度。

百分表的结构较简单,传动机构是齿轮系,外廓尺寸小,重量轻,传动机构惰性小,传动比较大,可采用圆周刻度,并且有较大的测量范围,不仅能作比较测量,也能作绝对测量。但机械式人工测读的变形仪表,因无法实现和计算机的对接,已少用或者不用。

百分表操作步骤:

① 百分表应牢固地装夹在表架夹具上,如与装套筒紧固时,夹紧力不宜过大,以免使装夹套筒变形,卡住测杆,应检查测杆移动是否灵活。夹紧后,不可再转动百分表。

② 百分表测杆必须与被测工件表面垂直,否则将产生较大的测量误差。

③ 测量前须检查百分表是否夹牢又不影响其灵敏度,为此可检查其重复性,即多次提拉百分表测杆略高于工件高度,放下测杆,使之与工件接触,在重复性较好的情况下,才可以进行测量。

④ 在测量时,应轻轻提起测杆,把工件移至测头下面,缓慢下降测头,使之与工件接触,不准把工件强迫推入至测头,也不准急骤下降测头,以免产生瞬时冲击测力,给测量带来误差。对工件进行调整时,也应按上述操作方法。在测头与工件表面接触时,测杆应有 0.3~1 mm 的压缩量,以保持一定的起始测量力。

6.4.2　差动式位移传感器

差动式位移传感器由线圈和解调电路构成。线圈由骨架和漆包线组成;解调电路提供激励电压和激励频率,并将输出的信号转换为可被 PLC 识别处理的电压、电流信号。

差动式位移传感器(如图 6.15 所示)的基本原理是初级线圈、次级线圈分布在线圈骨架上,线圈内部有 1 个可自由移动的杆状铁芯。当铁芯处于中间位置时,2 个次级线圈产生的感应电动势相等,这样输出电压为零;当铁芯在线圈内部移动并偏离中心位置时,2 个线圈产生的感应电动势不等,有电压输出,其电压大小取决于位移量的大小。为了提高传感器的灵敏度、改善传感器的线性度、增大传感器的线性范围,设计时将 2 个线圈反串相接、2 个次级线圈的电压极性相反,传感器输出的电压是2 个次级线圈的电压之差,这个输出的电压值与铁芯的位移量成线性关系。

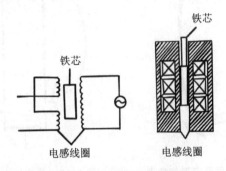

图 6.15 差动式位移传感器

这种传感器的动态特性好,可用于高速在线检测,进行自动测量,同时可靠性非常好,可在强磁场、大电流、潮湿和粉尘等恶劣环境下使用,且体积小,性价比高。但由于传感器工作原理是通过线圈绕线,对于超大行程来说(超过 1 m),生产难度大,传感器和拉杆之和长度将达 2 m 以上,使用不方便,且线性度也不高;此外,由于受弹簧回复速度的影响,响应时间相对较慢,不适合高频采集的场合。

6.4.3　电子引伸计

电子引伸计主要用来测量试样标距内的真实变形,在材料试验机上,与拉压力传感器联用,可精确测定材料的各种力学性能。

现以弓形变形传感器为例来介绍电子引伸计原理,其由应变片、变形传递杆、弹性元件和刀刃等构成。在弹性元件上粘贴两个应变片 R_T、R_C,并连接好电桥,如图 6.16 所示。

将变形传感器安装在试样上进行测量,如图 6.17 所示。稍微弯曲弹簧片以卡在试样上,使得试样受力伸长,此时压力 F 减小,弹簧片会回弹,A、B 两点便产生相对位移 f_{AB},其值就等于试样标距内的变形 ΔL。这个变形可以通过变形传递杆使弹簧片产生形变 ε,然后再通过粘贴在弹簧片上的应变片把应变量转换成电阻的改变量 ΔR。因此,在小变形的情况下,f_{AB} 与应变片 R_T、R_C 的阻值改变量呈线性关系,测出弹簧的应变就可以间接地得到试样的变形 ΔL,这是一个常量,需要配套的电子仪器来进行测量和记录,我们将变形传感器加上所配置的电子仪器统称为电子引伸计。

采用如图 6.18 所示的半桥双臂接法可以消除温度变化的影响,又由于弹簧片两侧面的纵向线应变大小相等而符号相反,所以双臂接法比单臂接法的灵敏度提高一倍。若采用如图 6.19 所示的全桥接法,不但灵敏度可比半桥双臂提高一倍,而且用 2 个半桥的传感器组成全桥接法来测量试样 2 侧的变形还可消除载荷偏心的影响。

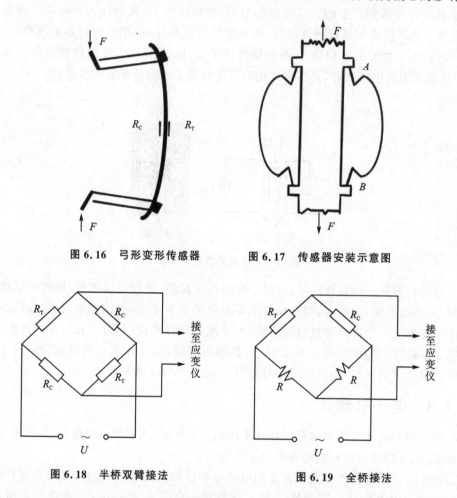

图 6.16 弓形变形传感器   图 6.17 传感器安装示意图

图 6.18 半桥双臂接法   图 6.19 全桥接法

变形传感器的种类很多,但基本原理相同:测量变形时,将引伸计装卡于试件上,刀刃与试件接触而感受两刀刃间距内的变形,通过变形杆使弹性元件产生应变,应变片将其转换为电阻变化量,在小变形的情况下,变形量与应变片的电阻改变量成线性关系,然后再用适当的测量放大电路将电阻变化量转换为电压信号输出即可测得变形量。

电子引伸计具有精度高、灵敏度高、稳定性好和使用方便的特性,如图 6.20 所示。一般市面上的引伸计测试样轴线方向伸长的标距有 20 mm、25 mm、50 mm、100 mm 等;量程有 5 mm、10 mm、25 mm 等供选择。一般而言,测试量程由测试对象和要求而定。如果仅测弹性变形,则选小量程,如果是需要绘制拉伸试样的拉伸过程全曲线,则应该选择大量程的引伸计。

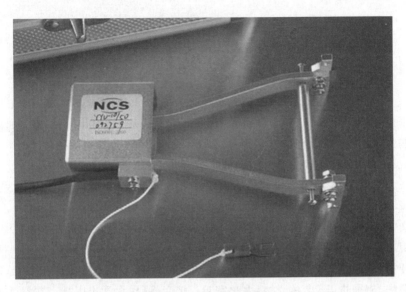

图 6.20　电子引伸计

　　线性度(即相对误差)分为优于 0.5 级、1 级等。精密测量一般选用 0.5 级单侧引伸计,材料拉伸、压缩试验选用优于 1 级或 0.5 级电子引伸计均可。

　　YYU 和 YYJ 系列的电子引伸计应变片阻值为 350 Ω,供桥电压值≤6 V(直流、交流均可),输出灵敏度约 2 mV/V。YYU 和 YYJ 系列引伸计标距分别为 10～500 mV 和 5～25 mV,最大变形量分别为 100 mm 和 10 mm。

　　电子引伸计由于原理简单、安装方便、测量精确而得到广泛的使用。微机控制的试验机,室温测量条件下均配有电子引伸计,它既能测量微小变形,也能测量几十毫米以上的大变形或位移,测试样拉伸时的横向变形,甚至还能测角变形(相对扭转角)。

参考文献

[1] 邓宗白,陶阳,金江.材料力学实验与训练.北京:高等教育出版社,2014.

[2] 刘鸿文,吕荣坤,等.材料力学实验.3版.北京:高等教育出版社,2006.

[3] 沈观林,戴福隆.实验力学.北京:清华大学出版社,2007.

[4] 同济大学航空航天与力学学院.材料力学教学实验.3版.上海:同济大学出版社,2012.

[5] 郑文龙.材料力学实验教程.长沙:国防科技大学出版社,2009.

[6] 胥明,付广龙,黄跃平.工程力学实验.南京:东南大学出版社,2017.

[7] 王开福,高明慧,周克印.现代光测力学.哈尔滨:哈尔滨工业大学出版社,2009.

[8] 付朝华,胡德贵,蒋小林.材料力学实验.北京:清华大学出版社,2002.

[9] 曾海燕.材料力学实验.2版.武汉:武汉理工大学出版社,2007.